Scratch 3.0 対応！

使って遊べる！
Scratch
おもしろ
プログラミングレシピ

倉本 大資　和田 沙央里　著

推薦のことば

あなただけの
プロジェクトをはじめよう

村井 裕実子
マサチューセッツ工科大学 (MIT) メディアラボ 博士研究員

　Scratchを作っている、ここMITメディアラボのライフロングキンダーガーテン（生涯幼稚園）グループは、女の子も男の子も、子どももおとなも、プログラミングが初めての人もベテランの人も、Scratchを使うことで簡単にプログラムを作って、それぞれの「こんなことやってみたい」を実現できるようにと願い、日々活動しています。この本は、プログラミングでできることのアイデアの幅をグッと広げてくれる、ポップで楽しいあっと驚くようなたくさんのサンプルプロジェクトであふれています。やってみたかったあんなこと、こんなことのヒントが見つかるかもしれません。ここから、あなただけのプロジェクトをはじめましょう！

画面を出て、
現実の世界に飛び出そう

阿部 和広
青山学院大学大学院 社会情報学研究科 特任教授

　プログラミングというと、ゲームやアニメなど、コンピューターの中で閉じていて、ずっと画面とにらめっこしている印象がありますね。でも、プログラミングの楽しみ方はそれだけではありません。この本には、画面の中だけでなく、現実の世界に飛び出したアイデアがたくさんのっています。たとえば、きれいな模様をプログラミングするだけでなく、それを印刷してプレゼントのラッピングに使ったり。もしかしたら、これからの世の中は、中とか外とか気にしなくてもよくなるかもしれないですね。この本はそんな新しい世界で暮らすための良いガイドになるでしょう。

はじめに

　新しいバージョンのScratch3.0が登場して、パソコンだけではなくタブレットなどのモバイル機器で遊べたり、いろいろなサービスとの連携が楽しめるようになりました。Scratch2.0は開発環境がオンライン化されたことで爆発的にユーザーが増えましたが、Scratch3.0も今後さらに多くの人を取り込み、普通の人がプログラミングを楽しむ場面が増えていくことでしょう。

　プログラミングの楽しさは料理に例えることもできます。味や好みはさまざまで1つの正解がないこと、ごく家庭的なものから見た目も楽しむ本格料理まであることなども共通しますね。味見をしながら仕上がりを調整するように、試行錯誤が重要になることも似ています。

　この本では、そんなScratchのプログラミング料理法を紹介します。毎日の食事はだれでも気になります。プログラミングも日常の関心事としてみなさんの身近な存在になるように、普段使いのプログラムをはじめ15例のレシピを収録しました。これからはじめる人にも、もっといろんなことに取り組んでみたい人にもおすすめです。

　コンピューターが登場して間もない頃、同時期に女性の社会進出が進んでいたアメリカでは多くの女性がプログラミングの業務や研究開発で活躍していたそうです。その中の1人、グレース・ホッパーはプログラマーになるための必要なスキルについて「それはただ夕食を準備するようなことです[*1]」「あなたは必要なときにそれらが揃うように事前に計画してスケジュールしなければなりません。コンピュータープログラミングは辛抱強さや細かい操作が求められます。女性たちにとってコンピュータープログラミングはとても自然なことです。[*2]」と言ったそうです。そう考えると気軽に取り組めそうですね。Scratchプログラミングのレパートリーを広げてみましょう！

[*1] "It's just like planning a dinner"（出典：1967年の雑誌Cosmopolitan の記事 The Computer Girls）
[*2] "You have to plan ahead and schedule everything so it's ready when you need it. Programming requires patience and the ability to handle detail. Women are 'naturals' at computer programming."
　　（出典：1967年の雑誌Cosmopolitan の記事 The Computer Girls）

もくじ

はじめに ・・・・・・・・・・・・・・・・・・・・ 3
本書の使い方 ・・・・・・・・・・・・・・・・・ 12

0 Scratchを使う準備をしよう ・・・・・ 6
- Scratchのサイトにアクセスしよう ・・・・・・・ 6
- Scratchのアカウントを作成しよう ・・・・・・・ 8

1 プレゼントを贈ろう ・・・・・・・・・・ 13
- 1-1 手づくりメッセージカード 難易度 ★☆☆☆☆ 14
- 1-2 ケーキシミュレーター 難易度 ★★☆☆☆ 22
- 1-3 誕生日ボイスメッセージ 難易度 ★★☆☆☆ 30
- 1-4 ラッピング用包装紙 難易度 ★★★☆☆ 38

2 便利なツールをつくろう ・・・・・・ 47
- 2-1 みんなで使える伝言メモ 難易度 ★★☆☆☆ 48
- 2-2 お料理レシピブック 難易度 ★★☆☆☆ 58
- 2-3 おもしろ写真加工アプリ 難易度 ★★★☆☆ 66
- 2-4 スコアボード 難易度 ★★★★☆ 78

3 テーブルゲームであそぼう ･･･ 93

- 3-1 Scratch福笑い　難易度 ★★☆☆☆ ･･･ 94
- 3-2 2人でハマる！○×ゲーム　難易度 ★★★★★ ･･･ 102
- 3-3 ハラハラ危機一髪ゲーム　難易度 ★★★★☆ ･･･ 114
- 3-4 指のバトル！トントン相撲　難易度 ★★★☆☆ ･･･ 122

4 micro:bitとつなげよう ･･･ 131

- 4-0 micro:bitをScratchにつなげよう ･･･ 132
- 4-1 フリフリおみくじ占い　難易度 ★★☆☆☆ ･･･ 136
- 4-2 ジャンプでキャッチゲーム　難易度 ★★★☆☆ ･･･ 144
- 4-3 崖っぷち！アクションゲーム　難易度 ★★★★☆ ･･･ 150

おわりに ･･･ 158
著者プロフィール ･･･ 159

学ぼう！コラム

Scratchブロックの扱い方 ･･･ 10	コスチュームや背景の追加 ･･･ 89
スプライトとステージ ･･･ 29	変数・リスト ･･･ 91
メッセージ ･･･ 37	関数（ブロック定義） ･･･ 113
x座標・y座標 ･･･ 45	クローン ･･･ 121
ペイントエディター ･･･ 46	タブレット・スマホ対応 ･･･ 130
演算ブロック ･･･ 76	

レシピ 0 Scratchを使う準備をしよう

Scratchは、アメリカにあるマサチューセッツ工科大学（MIT）のメディアラボ・ライフロングキンダーガーテングループの運営するプロジェクトで、誰でも無償で利用できるオンラインのプログラミング環境です。Scratchを使って作品づくりをするために、まずは準備をしましょう。

1 Scratchのサイトにアクセスしよう

インターネットにつながるパソコンかタブレットで、ScratchのWebサイトにアクセスします。パソコンやタブレットには、Webサイトを見るための道具としてインターネットブラウザというアプリケーションが入っています。右のように、Scratchを使うのに適したブラウザがあるので、これのいずれかを使ってください。

本書では、パソコンのChromeを使って説明しています。

パソコン
（Windowsタブレット PCを含む）
・Chrome
・Edge
・Firefox
・Safari

こんなマークのブラウザだよ

タブレット
（iPad, Android）
・Safari (iOS11以降のiPad)
・Chrome (Android)
※それぞれ適切にアップデートされている必要があります。

ScratchのWebサイトを開いてみましょう。

インターネットブラウザのアドレスバーに https://scratch.mit.edu/ と打ち込むとアクセスできます。

Scratch - Imagine, Program, S
https://scratch.mit.edu

または「SCRATCH」で検索

Scratchを使う準備をしよう

ScratchのWebサイトを開くとこのような画面が表示されます。まずは本書を体験しながら進めるために「作る」を押して、開発環境を開きましょう。

トップページでは、入門者向けのプロジェクトやチュートリアルに行けるほか、世界中で共有されたプロジェクト（作品）が表示されており、選択して実行することもできます。

チュートリアルのウィンドウが表示されるので、時間があれば見てみましょう。今は「閉じる」を押して閉じて構いません。

2 Scratchのアカウントを作成しよう

Scratchを利用するのに、アカウントを作成すると便利になります。右上の「Scratchに参加しよう」を押して、アカウントの作成をしましょう。
　アカウント名とパスワードを決めたら、「次へ」を押して進みます。

> ⚠️ 注意
> ・ユーザー名は誰か他の人が使っていたら使えません。
> ・本名を使うことも禁止です。
> ・パスワードはユーザー名と同じにしてはいけません。

　生まれた年と月、性別、国を入力します。アカウントの本人確認や統計情報のために使用されるので正確に入力しましょう。公開はされません。入力したら、「次へ」を押して進みます。

　メールアドレスを登録します。年齢により、保護者のメールアドレスである必要があります。
　確認のためもう一度メールアドレスを入力します。また、Scratchチームからの最新情報を希望する場合はチェックを入れましょう。これで登録が終わりました。

メールアドレスの認証が必要です。登録したメールアドレスに届いたメールのボタンを押して認証をしましょう。

ログインしている情報はしばらく残りますが、次回使うときにログアウトされていたら、右上の「サインイン」をクリックするとログイン画面が出てきます。

大人の方へ

アカウントがあると何ができるの？

Scratchはアカウントなしでも使うことができます。しかしアカウントがないと以下のことができません。

- 作品の共有
- 誰かの作品へのコメント
- 誰かの作品のリミックス
- ディスカッションフォーラムへの投稿

Scratchは、プログラミング言語や開発環境とともに、管理されたSNSも提供されることが特徴です。「SNS」と聞いて難色を示される保護者の方も多いですが、その利用を禁止してしまうのは、学ぶうえではデメリットが多いでしょう。

というのも、アカウントの管理、プロジェクトのクラウドへの保存・共有（公開）、プロジェクトを通じた全世界にいるユーザーとの交流など、プログラミング以上に学べることが多いからです。ScratchのSNSは多くの大人も運営に関わっており、比較的安心して参加できます。親子で話しあったうえで、アカウントをつくり、利用することを本書ではおすすめします。

オンライン上でどんな活動をしているか、早いうちから子どものネット上の活動を家族で共有する習慣づけができるのもよい点です。

オフライン版Scratch

さまざまな事情で、インターネット接続を常に子どもに与えることができない場合もあります。そのときは、オフライン版のScratchをお試しください。Scratchデスクトップと呼ばれており、Scratchのサイトから入手できます。2019年4月現在はWindows 10、Mac OSに対応しています。

 https://scratch.mit.edu/download

Scratchを使う準備をしよう

Scratchブロックの扱い方

基本の使い方

左のブロックパレットから真ん中のコードエリアへドラッグ＆ドロップします。ブロックはクリックすると実行され、ブロックの指示通りに画面上のスプライトなどが動いたり変化します。

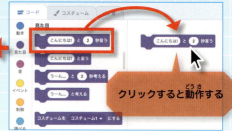

ブロックを消したいときは、左のブロックパレットへドラッグ＆ドロップすると消えます。ブロックを右クリックして「ブロックを削除」でも削除できます。

ブロックをコピーしたいとき

コピーしたいブロックの上にマウスのカーソルを合わせ、右クリックするとメニュー画面が出てきます。「複製」をクリックすると、その場に同じブロックがコピーされます。

ショートカットキーでブロックを操作する

キーボードのショートカットキーを使えば、コピーや貼り付けがもっと簡単にできるようになります。

ショートカットキー	ブロックの変化
command + C (Windowsの場合はCtrl + C)	クリックして選択されていたブロックがコピーされる
command + V (Windowsの場合はCtrl + V)	コピーされていたブロックが貼り付けられる
command + Z (Windowsの場合はCtrl + Z)	ブロックの状態を1つ前に戻す

ブロックを別のスプライトへコピーしたいとき

ネコのスプライトで作ったブロックを恐竜のスプライトへコピーします。コピーしたいプログラムの一番上のブロックをマウスでクリックしながら、画面右下の恐竜のスプライトのアイコンまでドラッグ＆ドロップします。

手を離すと何もなかったかのように見えますが、恐竜のスプライトの方にはちゃんとブロックがコピーされています。

本書の使い方

難易度
5段階で表示されています。簡単な作品からはじめてもOK

パソコン/タブレットアイコン
タブレットマークがついているものは、完成作品をタブレットでも遊べます。

学ぶポイント
今回の作品のテーマや学べること、教えるときのコツなどを紹介しています。

材料
必要なスプライトや背景を示します。オリジナル素材がある作品はここで紹介しています。コスチューム名が太字表記のものはこの名前通りにしてください。また、今回の作品で学べるキーワードも示しています。

つくりかた
手順を紹介しています。ここで流れをつかんでから読み進めるとよいでしょう。

- Scratchがはじめての人は、0章とコラム「学ぼう!」で使い方や基本の考え方を理解したのち、1〜3章の難易度の低い作品からつくるとよいでしょう。

- 4章の内容を遊ぶには、別途micro:bitが必要です。

- コラム「学ぼう!」では、Scratchプログラミングで基本となる概念を説明しています。Scratchの基本操作を理解したい人は、まずひととおり読むとよいでしょう。もちろん、つくりながら読んでも役に立ちます。

- 作品によってはオリジナル素材を用意しています。以下書籍ページからダウンロードできます。

▼ オリジナル素材のダウンロードと全作例の完成サンプルプログラムはこちらから
https://www.shoeisha.co.jp/book/detail/9784798159850

※本書で提供するオリジナル素材（スプライト・コスチューム・背景等で使用されるイラスト）はCC BY-SAのライセンスの元提供されています。Scratchを学び楽しむことを目的として使用する範囲において、改変や作品を共有してリミックスすることを許諾します。使用する際には作品の概要欄に「Scratchおもしろプログラミングレシピを参考に作りました」と明記してください。

プレゼントを贈ろう

1

誰かに絵を描いたり手紙を書いて、喜んでもらえると、うれしくなるね。プログラミングを使えば、紙の上でつくる以上におもしろいことも試せるよ。キミだけのステキなプレゼントを贈ろう。

つくるモノ

- 1-1 手づくりメッセージカード　難易度 ★★★★★　14
- 1-2 ケーキシミュレーター　難易度 ★★★★★　22
- 1-3 誕生日ボイスメッセージ　難易度 ★★★★★　30
- 1-4 ラッピング用包装紙　難易度 ★★★★★　38

難易度 ★☆☆☆☆

レシピ 1-1 手づくりメッセージカード

キーワード

画像のつくり方　　ベクター画像

動くカードで記念日をお祝いしよう！

家族の誕生日や記念日に、お祝いの手づくりメッセージカードを渡すのはどう？　手で描くのが苦手な人でも、図形を組み合わせたり変形させて調整しながら絵を描くことができるんだ。音や動きをつけても楽しいね。

紙のカードより表現豊かだね

1 手づくりメッセージカード

> **学ぶポイント** 今回の作品では、キャラクター（スプライト）の見た目を描くペイントエディターを使った画像のつくり方を学びながら、Scratch に慣れましょう。コンピューターでの画像作成には主にビットマップ画像とベクター画像があり、今回はベクター画像の形を微調整しやすいという特徴を活かして似顔絵をつくります。

つくりかた

お祝いのメッセージカードをつくりましょう。クリックすると封筒が少しずつ開きます。さらに手描きの似顔絵を描いて、それをクリックするとメロディが流れるようにしましょう。

1. 封筒とカードをつくる
2. 最初の状態に配置する
3. クリックで封筒が開く
4. クリックで音楽を鳴らす

1 封筒とカードをつくる

まずはメッセージカードの素材となるカードと封筒のスプライトをつくります。全体的な動作を考えてから、必要なパーツをイメージするとよいでしょう。

ネコは使わないので削除します。まず封筒を描きましょう。画面右下のバーから「スプライトを選ぶ」→「描く」を選択します。ペイントエディターが開くので「四角形」ツールを選び、キャンバスの上でつくりたい長方形の対角線を描くようにマウスでドラッグします。色は塗りを白、輪郭を灰色にしました。

使い方は46ページも見よう

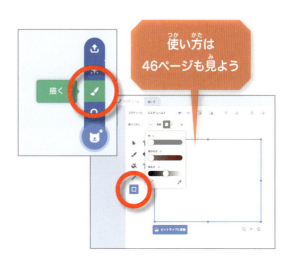

15

 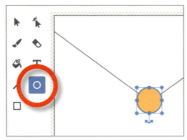

封の部分のラインを描きましょう。「直線」ツールを選び、長方形の中心に向かって2本の線を引きます。封緘に貼るシールも描いてみましょう。「円」ツールを選び丸を描きます。

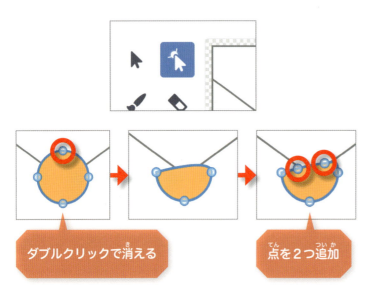

ダブルクリックで消える

点を2つ追加

シールの形を変えてみましょう。ここではネコをイメージしてつくってみます。「形を変える」をクリックするとアンカーポイント（点）があらわれます。ダブルクリックすると消えて丸の形が変わります。パス（線）の上をクリックすると新しく点がつくれるので、2点追加して耳の先端としましょう。

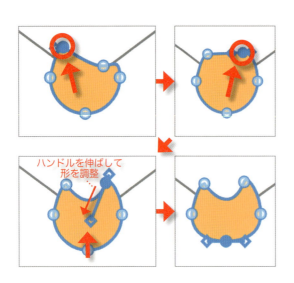

ハンドルを伸ばして形を調整

つくった点を持ち上げて耳の形をつくります。点から出ているハンドルで形を調整しましょう。アゴの点（一番下の点）で輪郭を整えて完成です。目や鼻を描いてもいいですね。

次に封筒を開けた後に見られるカードをつくりましょう。封筒のスプライトを複製して、封の部分を「選択」ツールで選び削除し、白い長方形にします。「テキスト」ツールで好きなメッセージを入れましょう。

飾りつけに、好きな絵を置きましょう。一度コスチュームとして追加してからコピー＆ペーストでカードに組み合わせることができます（89ページ下参考）。ここでは Cake-a と Gift-a を追加してみました。

自由に飾りつけよう

メインの似顔絵を作成していきます。また右下の「スプライトを選ぶ」→「描く」からはじめます。
顔を「円」ツールでつくりましょう。輪郭を「形を変える」ツールで調整するとよいですね。

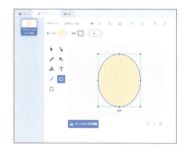

「形を変える」ツールは微調整がしやすいんだ

1 手づくりメッセージカード

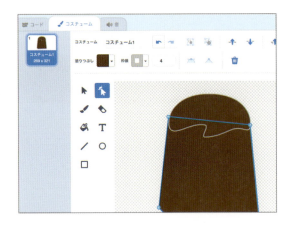

髪型は前髪と後ろ髪の2つの部品に分けて描いてみましょう。まずは長方形を使って後ろ髪を描きます。次に前髪を円ツールで描いたあと、「形を変える」ツールで形を整えるといいでしょう。

顔が見えなくなった。パーツの重なりは変えられるの？

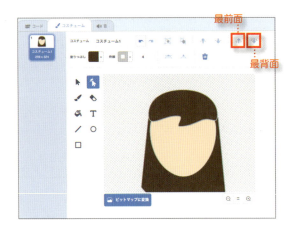

最前面
最背面

パーツの重なりは、キャンバスの上のツールで調整できます。「最前面」「最背面」で前髪と後ろ髪の重なりを調整します。

コピー　ペースト

次に目を描きます。円ツールで、白目、黒目を描いてみました。片目をコピーしてもいいでしょう。

眉毛は「筆」ツールで描きます。描いたあとに「形を変える」ツールで部分的に太さを変えることもできます。複製して、左右反転して使うとよいでしょう。最後に、鼻と口も「円」ツールをもとに「形を変える」ツールで作成したら完成です。

2 最初の状態に配置する

最初、カードは封筒に入っていて、カードの中身は見えませんね。封筒を一番上に置き、カードの中身をその下に隠すために、スプライトの重ね順を考えてプログラムをつくります。

3つのスプライトの重なりを調整します。開始の合図の「緑の旗が押されたとき」で初期位置をステージの中心（x＝0, y＝0）にして、封筒は最前面に、カードを最背面にします。左上の「コード」タブから、封筒とカードのコードをこのようにつくります。

"座標"については45ページも参照

3 クリックで封筒が開く

封筒をクリックすると封筒が開いて、中のカードと似顔絵が見えるようにしましょう。

「見た目」カテゴリの「色の効果を25ずつ変える」というブロックを使います。「色」の部分をクリックするといろいろな効果に切り替えることができるので、「幽霊」としてみましょう。このブロックを実行すると、スプライトが徐々に透明になっていきます。

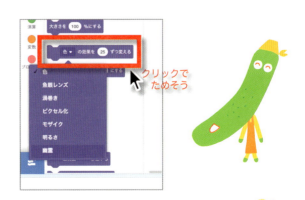

クリックでためそう

19

　効果は100になると完全に透明になるので、「10ずつ変える」を「10回繰り返す」とよいでしょう。このようなコードを封筒に追加します。

　カードの上の似顔絵が見えるようになりますが、サイズや位置の調整が必要かもしれません。このようにブロックを使って開始時に指定しましょう。

4 クリックで音楽を鳴らす

似顔絵をクリックしたとき、つまりスプライトが押されたときに、好きな音楽が流れるようにしましょう。今回は音ライブラリにはじめから入っているものを使います。

　似顔絵スプライトをクリックし、左上の「音」タブから音の読み込みをします。

「似顔絵スプライト」の「音タブ」の左下にあり

"Xylo3" の音を読み込みましょう。

「このスプライトが押されたとき」のブロックを使ってこのようにコードを組み立てて追加しましょう。

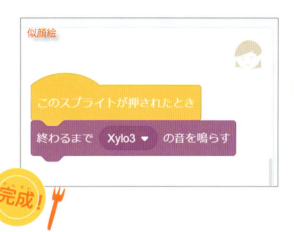

使い方

緑の旗を押すと、カードの封がされた状態になります。相手に見せてクリックで操作してもらいましょう。ファイルを相手が開く場合や、サイトにアップロードするときは、最初に中身が見えてしまわないように、緑の旗を押した直後に保存や共有をするとうまくいきます。

応用例

・似顔絵ではなく、写真にする
・音楽以外に、おめでとうのメッセージを声で録音する

手づくりメッセージカード

レシピ 1-2 ケーキシミュレーター

難易度 ★★☆☆☆

どんなケーキにしようかな～

材料

スプライト ※オリジナル素材あり

イチゴ　生クリーム　ロウソク　完成ボタン

ステージ背景

ケーキ土台

キーワード

クローン　論理演算子

ケーキの試作に使えるツールをつくろう

ケーキを焼こう！　でも、どんなケーキにしようかな？　そんなとき、デコレーションの練習が何度でもできるシミュレーターがあれば便利だよね。イチゴ、クリーム、ロウソク……果物や飾りをスポンジに並べて、何度でも試してみよう。

これを使えば失敗知らず！

> **学ぶポイント** シミュレーションはコンピューターが役立つことの1つです。本番では失敗できないことも簡単に試せたり、何度もやり直したりできます。事前に試作すれば、効率的にものをつくれますね。今回は、オブジェクトのクローンについて学びます。クローンとは複製のことですが、単純な複製ではなく、複製されたあとの動き方などもプログラムすることが可能です。クローンの基本は121ページも参考にしてください。

ケーキシミュレーター

つくりかた

土台にパーツを並べてデコレーションを何パターンも試せます。ケーキのパーツをマウスで配置していくために、ドラッグ＆ドロップの操作ができるようにプログラムします。完成ボタンを押すともとの素材を隠してケーキだけ表示することができるようにします。

① 素材の読み込み
② パーツを配置できるようにする
③ 完成ボタンをつくる
④ すべてのパーツにプログラムをつくる

1 素材の読み込み

この作品でもネコは使わないので削除して、最初にオリジナル素材を読み込みます。

①の「背景をアップロード」を選び、ファイルメニューから「ケーキ土台」を選んで読み込みます。スプライトの読み込みは②の「スプライトをアップロード」から同様に行います。「生クリーム」「イチゴ」「ロウソク」「完成ボタン」をアップロードします。表示されたら、それぞれのパーツを画像のように配置しましょう。

②スプライト　①背景

2 パーツを配置できるようにする

ケーキに並べるパーツを何個も好きな位置に移動させるにはどうしたらよいでしょうか。

まずはイチゴのスプライトをプログラムします。左上の「コード」タブへ移動しましょう。動きのカテゴリの「どこかの場所へ行く」ブロックの"どこかの場所"を切り替えて「マウスのポインターへ行く」ブロックをつくります。それを制御カテゴリの「ずっと」ブロックと組み合わせて左のブロックをつくります。クリックして実行すると、イチゴのスプライトがマウスについて動きます。

マウスでイチゴをドラッグ＆ドロップするような動きにするために、調べるカテゴリの「マウスが押された」と制御カテゴリの「もし なら」ブロックを使ってこのように組み合わせます。

これでイチゴを移動できるようになりましたが、イチゴは何個か使いたいですよね。そこで何度でも使えるように、クリックしたらクローンされるようにします。「自分自身のクローンを作る」ブロックを使うと、スプライトはクローンされます。ブロックをクリックして、マウスでスプライトを移動してみるとクローンされたことがわかります。

24

クローンした後に、一回のクリックでクローンを1つだけとするため、「「マウスが押された」ではない」というブロックをつくり、制御の「　まで待つ」ブロックと組み合わせます。そしてブロックの一番上にイベントカテゴリの「緑の旗が押されたとき」をつけておきましょう。

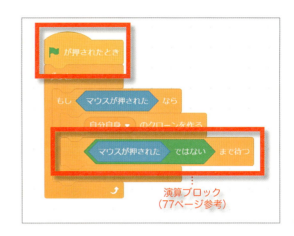

「クローンされたとき」のブロックは、クローンされたスプライトの動きをプログラムできます。クローンされたら、ドラッグしている（マウスが押されている）あいだ、マウスの動きについていくようにするために、制御の「　まで繰り返す」と「「マウスが押された」ではない」を組み合わせて、新たにこのようにブロックをつくりましょう。

　緑の旗をクリックして試してみると、もとのスプライトも一緒に移動してしまいます。また、ステージの余白などスプライト以外の場所をクリックしてもスプライトがクローンされてしまいます。
　もとのスプライトが移動してしまうのは、クローンされたスプライトがもとのスプライトの後ろにあるためです。「クローンされたとき」のブロックの後に「最前面に移動する」ブロックを加えると解決できます。

追加

どこをクリックしてもクローンされてしまうのは、演算カテゴリの「　かつ　」ブロックを使い、「マウスが押された　かつ　マウスのポインターに触れた」と条件を追加するとうまくいきます。

注意⚠️
ドラッグ＆ドロップの操作を確認する場合は「全画面表示」にすると確実です。

３ 完成ボタンをつくる

ここまでできたら、これらのプログラムを他のケーキのパーツにも同じようにつくりたいところですが、先に完成ボタンをつくりましょう。

メッセージの基本は37ページも見よう

完成ボタンを押すと、ケーキのパーツのもとのスプライトを非表示にして、つくったケーキだけが表示されるようにします。イベントの「メッセージを送る」ブロックを使うと複数のスプライトに同時に合図を送ることができます。完成ボタンのスプライトを選び画像のようなプログラムを組み立てます。

イチゴのスプライトに戻り、メッセージを受け取ったときの動きをつくります。

じゃまなものを消しておくんだね

ケーキに並べたイチゴが消えずに表示され続けるように、制御カテゴリの「ずっと」と見た目カテゴリの「表示する」ブロックを追加します。

もとになるスプライトは緑の旗が押されたときに表示させる必要があるので、画像のように見た目カテゴリの「表示する」ブロックを入れます。

4 すべてのパーツにプログラムをつくる

うまく動くようになったらすべてのスプライトにプログラムを入れましょう。

プログラムをスプライトパレットのスプライトへドラッグ＆ドロップすると簡単にコピーできます。ブロックをつかんでいるマウスカーソルを目的のスプライトに重ねるようにするのがコツです。

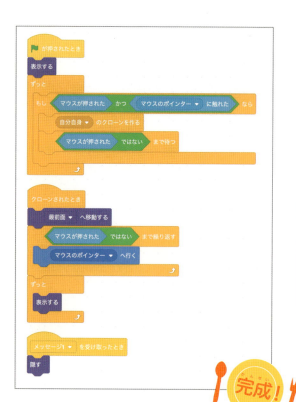

ケーキの全部のパーツ(イチゴ、ロウソク、生クリーム)にこの3つのブロックが追加されればプログラムは完成です。

イチゴの
プログラムを
ロウソク、
生クリームに
コピー！

イチゴは
多めがいいなあ

使い方

背景のケーキ土台の上に、ケーキのパーツをドラッグ＆ドロップで並べていきます。完成したら「完成ボタン」を押してください。つくったケーキだけが表示されます。

応用例

・ケーキのパーツを増やす。
・ケーキ以外にどのようなシミュレーションが考えられる？

> 学ぼう!

スプライトとステージ

Scratchではスプライトとよばれる部品にコードを書いてプログラムをつくります。ステージはスプライトの一種で、特別なスプライトともいえます。スプライトやステージの操作は画面右下の領域を使用します。

スプライトの追加

「スプライトを選ぶ」のボタンを使うと、いろいろな方法でスプライトを追加することができます。

スプライトライブラリで選択するとアニメーションするスプライトがありますが、これは複数のコスチュームがあるという意味です。89ページも参考にしてください。

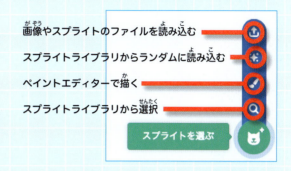

画像やスプライトのファイルを読み込む
スプライトライブラリからランダムに読み込む
ペイントエディターで描く
スプライトライブラリから選択

ステージの背景の追加

ステージはプロジェクトに1つしかありません。背景の選択ボタンを使うとステージの背景を追加することができます。

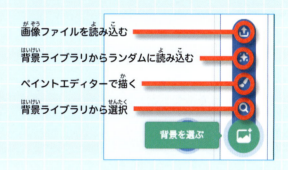

画像ファイルを読み込む
背景ライブラリからランダムに読み込む
ペイントエディターで描く
背景ライブラリから選択

ステージは普通のスプライトとは異なります。ステージのスプライトとの違いはこのとおりです。

- 位置が変化せず動きのブロックがない
- 大きさや向きが変化しない
- ステージのみの変数がつくれない
- ステージをバックパックに入れられない
- ステージの書き出しができない

スプライトの操作

スプライトやステージは画面の右下の領域で選択したり削除・複製などの操作ができます。選択すると左側のコードはそのスプライト向けのものに切り替わります。右上の×をクリックするとスプライトを削除できます。

レシピ 1-3 誕生日ボイスメッセージ

難易度 ★★☆☆☆

材料

スプライト

Balloon1 / Balloon2 / Gift

ステージ背景

Party

キーワード

録音 / 制御 / 画像効果

みんなの「おめでとう」の声を集めて再生！

友だちの誕生日祝いにみんなのボイスメッセージを集めよう。マイクつきのパソコンやタブレットで自分や友だちの声を録音して、クリックで再生！　音声を編集して変な声にしたり、一斉に音声を出したり、アニメーションをつけても楽しいね。

変な声にするとオモシロイ！

1 誕生日ボイスメッセージ

> **学ぶポイント** 友だちの誕生日に贈るアニメーションカードを想定し、自分や他人の声を録音してボイスメッセージをつくります。プログラミングで制御することで別々に録音した「おめでとう」の音声を同時に出すことができます。プロジェクトを共有する場合は、本名や住所など個人情報を守ることの重要性について話しあってみてください。

つくりかた

自分や友だちのアイコン（似顔絵でもOK）をクリックすると、その人の声で「お誕生日おめでとう」と音が出ます。「スペシャルアイコン」をクリックすると、一斉に「お誕生日おめでとう」と音が出ます。メッセージは何人でも集めることができます。

① 声を録音して編集する

② クリックすると絵が変わる

③ クリックすると声が出る

④ 複数の声を同時に出す

1 声を録音して編集する

マイクのついているパソコンやタブレットでScratchを使うと、自分の声を録音して使うことができます。音声編集にも挑戦してみましょう。

ネコを消し、画面右下の「背景を選ぶ」から、好きなステージを選びます。ここでは「Party」を選びました。

31

「スプライトを選ぶ」をクリックし、自分の声を録音するスプライトを選びます。今回はサプライズ風にしたいので、ステージと区別がつかないようなスプライトを選ぶといいでしょう。ここでは「Baloon1」を使いました。

どこに声が隠れているか探すのが楽しい！

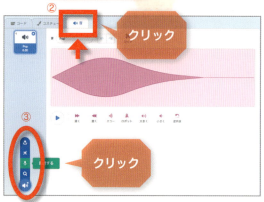

「音」タブをクリックし、「音を選ぶ」→「録音する」をクリックします。

画面左上のタブを使いこなそう

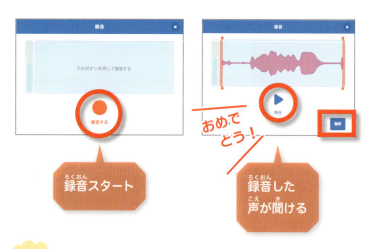

「録音する」をクリックし、「お誕生日おめでとう」などの声を入れてください。波のような形が出てきたらOKです。「再生」で録音した音声を聞くことができます。もう一度録音したいときは「再録音」、これでOKなら「保存」をクリックします。

録音した音声はわかりやすいように「自分のメッセージ」など名前をつけておきます。「エコー」や「ロボット」などで変な声にすることもできます。もとに戻したいときは「戻る」ボタンをクリックします。

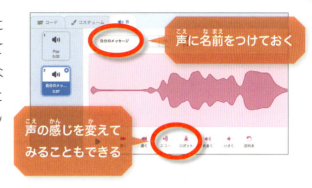

いらない音が入っていたら、「カット」をクリックして消しておきましょう。

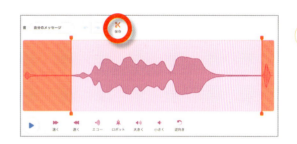

2 クリックすると絵が変わる

おどろかせるために、ステージの中に隠れたあるスプライト（今回は風船）をクリックすると、スプライトの絵が変わり、ボイスメッセージが鳴るようにしましょう。

「音」のとなりの「コスチューム」タブをクリックします。青以外の風船を削除したら、「コスチュームを選ぶ」で自分を表すアイコンを選びましょう。ここでは「Princess-b」にします。

> ⚠️ **注意**
> 「コスチュームを選ぶ」→「カメラ」で自分の写真を撮ってアイコンにしてもいいですが、そのときはプロジェクト共有しないようにしましょう。自分の顔写真がインターネットへ公開されてしまいます。

　コスチュームが増えました。「クリック前」と「クリック後」のようにわかりやすい名前に変えておきます。

　「コード」タブに移動してプログラムをつくります。このスプライトが押されたら、コスチュームが変わるようにしておきます。緑の旗がクリックされたときは「クリック前」のコスチュームにします。これで、スプライトをクリックするとコスチュームが変わります。

3 クリックすると声が出る

絵が変わるのと同じしくみで、今度はクリックするとボイスメッセージが鳴るようにします。

　「○○の音を鳴らす」ブロックを追加しましょう。先ほど自分が録音したボイスメッセージを選び、スプライトがクリックされたときに鳴るようにします。

ここまでできたら、スプライトをクリックして、コスチュームが変わると同時に自分のボイスメッセージが鳴ることをたしかめます。

他の友だちのボイスメッセージも集めます。違う色の風船で友だち用のスプライトをつくって先ほどと同じように録音・プログラムしましょう。

4 複数の声を同時に出す

最後に、自分と友だちの「お誕生日おめでとう」の声が同時に聞こえる、スペシャルアイコンをつくります。同時に録音できなくても、プログラミングで同時に鳴らせるのです！

新しいスプライト「Gift」を選びます。このようにブロックを組みましょう。

「メッセージ」の使い方は37ページも見てね

35

　自分と友だちのそれぞれのスプライトで録音したボイスメッセージを鳴らすために、「スペシャルアイコンがおされた」というメッセージをつくります。

同時にしゃべってるみたい！

　自分のスプライトと友だちのスプライトそれぞれに「スペシャルアイコンが押されたら、ボイスメッセージを鳴らす」というプログラムを追加して完成です。

遊び方

全画面表示にして、緑の旗を押してスタート。誕生日の友だちにメッセージを探してもらいましょう。うまくスプライトを見つけてクリックすれば、声を聞けます。スペシャルボタンで全員の声がきけます。

応用例

・転校する友だちのためにクラス全員からボイスメッセージを集める
・録音した音声を編集して「誰の声だ？」当てっこゲームをつくる

36

学ぼう！
メッセージ

Scratchの「メッセージ」を使うと、自分が思う通りのタイミングでプログラムを動かすことがより簡単にできるようになります。特に、1つのスプライトのプログラムが終わったあとに別のスプライトのプログラムを動かしたいときに便利です。

メッセージの使い方

たとえば、ネコがペンギンに話しかけて道をたずねるプログラムを見てみます。図のようなプログラムをつくり、緑の旗をクリックすると、ネコとペンギンが同時に話を始めてしまいます。

そこでネコとペンギンが話す順番を決めます。まずネコが話し、そのあとに「メッセージ1」を送ることでネコが話し終わったことをペンギンに伝えます。次にペンギンは「メッセージ1」を受け取り、ネコが話し終わったことがわかったので話し始めます。

新しいメッセージをつくる

「メッセージ1」は自分がわかりやすい名前に変えることができます。「メッセージ1」の右にある「▼」をクリックして「新しいメッセージ」を選び、ここでは「道をたずねた」という文字を入力して「OK」をクリックします。自分がつけた名前のメッセージを選べるようになります。

レシピ 1-4 ラッピング用包装紙

難易度 ★★★☆☆

プレゼント用包装紙の模様をつくろう

無地、ドット、ストライプ……包装紙の模様にはいろいろなものがあるね。自分で描くと大変だけど、プログラミングなら簡単。好きな色、形を組み合わせて模様をつくり、印刷して包装紙として使ってみよう。

模様には法則があるのか〜

1 ラッピング用包装紙

> **学ぶポイント** ギフト用の包装紙の柄をよく見ると、ブランドのロゴ、ドットやストライプが並んで繰り返しているものがあります。「複製」や「繰り返し」はプログラミングの得意なことの1つです。好きなロゴや図形を繰り返して表示することできれいな模様をつくります。つくった模様は画像保存して印刷し、包装紙として使うこともできます。

つくりかた

背景の色と繰り返す形（ロゴ・キャラクター・図形）を決め、プログラミングで形を並べて画面全体に模様を表示させます。繰り返す形の大きさや繰り返す回数などを変えて、包装紙にぴったりな模様をつくります。模様が完成したら、画像保存して印刷します。

① 絵を繰り返す

② 繰り返す幅を自由に変える

③ 絵とロゴを交互に繰り返す

④ 画像形式に保存する

1 絵を繰り返す

よく見る絵や形も繰り返し並べてみると、ちょっと印象の違う模様になります。自分で描いてもいいし、適当なスプライトでもいいので1つ形を選びましょう。

ネコを消し、新しいスプライトで繰り返し並べてみたい形を用意します。大きさは少し小さめの数字を、座標はステージ左下にくるように数字を入れます。座標の基本は45ページも参考にしてください。

ここではスプライト「Rainbow」を使用

39

x座標が240より大きくなるまで（つまり画面の右端を超えるまで）、自分自身のクローン（121ページ）を出しながらx座標の数字を変えていきます。画面の右端についた後は、x座標を−240に戻します。

x座標の数字が小さいと、右にずれる幅が小さいのでかたまって見えます。この本では、包装紙にするための模様をつくるので幅を少しあけておきます。

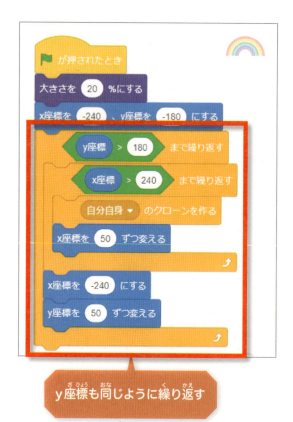

y座標も同じように繰り返す

同じように、y座標も180より大きくなるまで（つまり画面の上端を超えるまで）、自分自身のクローンを出しながらy座標を変えていきます。こちらもy座標をずらす幅を調整します。

クローンの基本は121ページを見てね

緑の旗を押すと、画面にすべて同じ形が並びました。

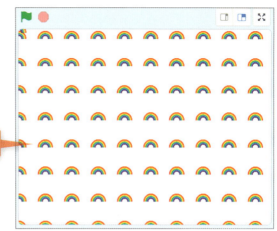

きれい！

2 繰り返す幅を自由に変える

包装紙の模様にちょうどいい柄になるような横と縦の幅を見つけるため、何度も数字を入力するのは面倒です。そこで、変数（91ページ）のスライダー表示を使って変えやすくします。

「横の幅」と「たての幅」という新しい変数をつくり、x座標とy座標の数字のところに入れます。

「x座標＞240まで繰り返す」って？

画面右端のx座標は240なので「x座標＞240まで繰り返す」は右端まで同じ動作を繰り返すことになります。上端のy座標は180なので「y座標＞180まで繰り返す」は上端まで繰り返すことになります。45ページも参考にしましょう。

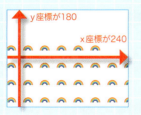

ワンポイント
変数のつくりかたは91ページを参考にしてください。

画面の変数表示を何度かクリックし、スライダー表示に変えます。つまみを動かすと数字を変えられます。

ステージ上で変数を表示できるんだね

数字を細かく調整して、緑の旗を押すと、すぐに模様の具合を見ることができます。これでちょうどいい幅を探します。

つまみを調節して、好みの間隔にしよう

3 絵とロゴを交互に繰り返す

同じ絵だけ並んでいても少しさびしいので、絵とロゴが交互に並ぶような、かっこいい包装紙にします。ロゴにする文字もかっこいいものにしましょう。

「コスチューム」タブをクリックし、「コスチュームを選ぶ」→「描く」で新しいコスチュームを描きます。

「テキスト」をクリックして好きなフォントを選び、好きな文字でロゴを描きます。英字にこだわらず、数字や日本語でもかっこいい模様になりそうです。ここでは「rainbow」と書きました。

「コード」タブをクリックして、横へ交互に「次のコスチューム」になるようにプログラムをつくります。

だんだん長くなってきた！

4 画像形式に保存する

できあがった模様を画像として保存し、実際の紙に印刷してみましょう。

模様が出てきたら、横と縦の幅を調整したり、背景を変えたりして包装紙を完成させます。

好みの感じに調整して完成！

ラッピング用包装紙

画面で右クリックし、「名前を付けて画像を保存」をクリックすると保存場所を選ぶことができます。パソコンに保存して、印刷すると包装紙として使うことができます。

背景に色をつけてもよさそう！

オリジナル模様をつくってみよう！

遊び方

完成した模様を印刷して、お菓子やプレゼントなどを包んで友だちにあげましょう。クリアファイルに印刷したり、ステッカーにすることもできますね。

応用例

・家族や友だちの誕生日にスペシャルメッセージつきの包装紙をつくる
・つくった模様をTシャツやトートバッグに印刷する

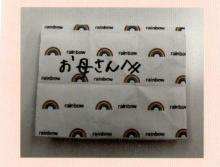

> 学ぼう！
x座標・y座標

「x座標」「y座標」と書かれたブロックがいくつもありますが、これらはスプライトの位置を決めるブロックです。

ステージ上の位置で決める場合

適当な位置にネコを動かし、右のブロックをクリックしましょう。何度クリックしても同じ位置へ移動します。x座標はステージの左から右のどこにいるかを決める横方向のものさしで、左端が−240、真ん中が0、右端が240と決まっています。
y座標はステージの上から下のどこにいるかを決める縦方向のものさしで、上端が180、真ん中が0、下端が−180です。スプライトの位置は横方向の数字と縦方向の数字で決まります。

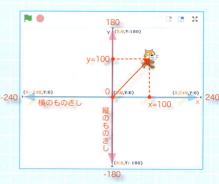

このように、ステージ上でのスプライトの位置を絶対的に座標を決めるブロックは4種類あります。

今いる位置からどう動くか決める場合

「x座標を10ずつ変える」のブロックをクリックしましょう。クリックするたびに右方向へ動きます。「x座標を50ずつ変える」にすると動く幅が大きくなり、「x座標を−10ずつ変える」にすると左方向へ動きます。このブロックを使うと、今いる位置からどちらにどれぐらい変えるか決めることができます。

> 背景ライブラリの「Xy-grid」を使うとわかりやすい

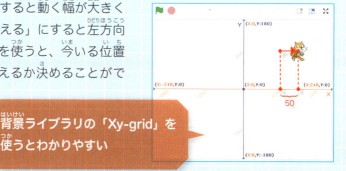

このように、直前の位置をもとにして相対的に座標を決めるブロックは2種類あります。

ラッピング用包装紙

45

ペイントエディター

　右下のバーの「描く」で自分でスプライトや背景を描きたいときや、「コスチューム」・「背景」タブをクリックしたときに、絵を描くためのツール「ペイントエディター」が出てきます。2つのモードがあるので、目的によって使いわけましょう。

ベクターモードの基本

【基本画面】

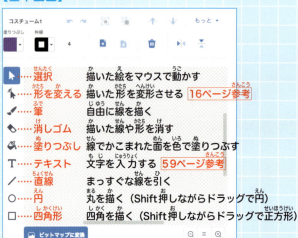

【カラーピッカーの使い方】

「塗りつぶし」や「枠線」では色を変えることができます。色、鮮やかさ、明るさを変えることで色をつくります。

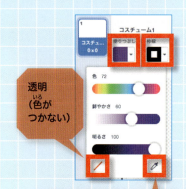

透明
(色が
つかない)

クリックした後、色が塗られている場所をクリックすると同じ色を取ってくることができる

一面塗りつぶしに便利！

ビットマップモードの基本

　「ビットマップに変換」という青いボタンをクリックすると「ビットマップモード」の描画ツールが出てきます。基本的には同じように絵を描けますが、ベクターモードと違い、図形の枠線をクリックしながら形を変えることができません。拡大して使うと、写真素材の修正やドット絵を描くのにも便利です。また、塗りつぶしでは、枠線で囲まれていない部分（背景）にも色を塗れます。

46

2

便利なツールを
つくろう

毎日の生活や宿題、遊びの中で、何かこまっていることはない？ それをなんとかできないかなって考えてみることが、創造の第一歩なんだ。他の人にもよろこんでもらえるかもね。

つくるモノ

2-1 みんなで使える
伝言メモ　難易度 ★★★★★ ‥‥‥‥‥ 48

2-2 お料理レシピブック　難易度 ★★★★★ ‥ 58

2-3 おもしろ写真
加工アプリ　難易度 ★★★★★ ‥‥‥‥ 66

2-4 スコアボード　難易度 ★★★★★ ‥‥‥‥ 78

みんなで使える伝言メモ

難易度 ★★☆☆

伝えたいことをデータとして記録・表示させよう

　出かける前にちょっとした伝言を家の人に残したいとき、玄関やリビングにあると便利な伝言メモをつくろう。家族のキャラを押すとメッセージをしゃべってくれるよ。伝言のデータは「リスト」という変数の集まりに保存して、しばらく前の伝言も再生できるようにしよう。

伝言をためるしくみを学ぼう

学ぶポイント チャットのように使える伝言板をつくりながら、今回は「リスト」によるデータの記録と読み出しについて学びます。Scratchで使うことができるリスト（一次配列）は、データベースの基礎ともいうことができます。プログラムで使う値や、それを束ねたものの扱いを学びましょう。リストについては91ページで解説しています。

みんなで使える伝言メモ

つくりかた

スプライトを用意したら、まずはキャラ1人のプログラムをつくり、最後にそれを他のキャラにもコピーします。再生ボタンには、クリックしたら入力した伝言データが再生されるようプログラムします。

① 各メンバーを表すキャラを置く
② メッセージの保存機能をつくる
③ リストのデータの読み出しを試す
④ メッセージをさかのぼり再生する機能をつくる
⑤ 全メンバーのプログラムをつくる

1 各メンバーを表すキャラを置く

スプライトをつくるには、自分で描く・写真を撮る・画像をアップするなどの方法があります。ここでは、スプライトライブラリから好きなものを読み込んで、それに文字を追加していきましょう。

ネコを消したら、画面右下の「スプライトを選ぶ」をクリックし、ライブラリから好きなスプライトを人数ぶん読み込みましょう。

ワンポイント
どんなキャラにするか迷ったら、メニューの上から2番目の「サプライズ」を使ってもOK。スプライトがランダムで登場します。

49

わかりやすいよう、各キャラの下に名前を書いておきましょう。ここでは「お父さん」「お母さん」「わたし」とします。スプライトを1つ選び、左上の「コスチューム」タブを選択して、テキストツールを選択。好きなところをクリックするとカーソルが表示されるので、文字を入力します。

ワンポイント
ペイントエディターの詳細は46ページも参考にしてください。

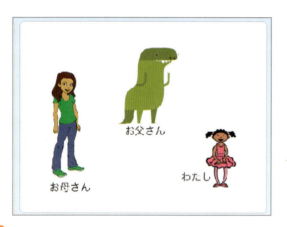

他のスプライトにも同様に文字を書き込んで、誰がどのキャラかわかるようにしましょう。

メンバーが全員揃った！

2 メッセージの保存機能をつくる

入力された伝言を保存するために「リスト」を使います。伝言をしまうための場所のようなイメージです。まずはリストがどんなものなのか、動作を体験しながら学びましょう。

リストの名前は「伝言」とします。すべてのスプライト用を選択して「OK」を押しましょう。ステージの上にリストのモニターが表示されました。

> **ワンポイント**
> 「リスト」とは「変数」の集まりのことです。91ページを参考にして、学びましょう。

ステージ上にリストが出現！

みんなの伝言をしまう場所をつくったよ

"＋"マークをクリックするとデータの欄が増えます。「おはよう」と入力してみましょう。入力すると次の欄がまた追加されました。次は「こんにちは」と入力してみましょう（欄が自動で増えない場合はもう一度"＋"をクリックしてみてください）。

データの追加はブロックからも操作することができます。「なにかを伝言に追加する」のブロックをクリックしてみましょう。

クリックでためそう

「なにか」という文字も追加されましたが、1つ空欄ができてしまいました。これはデータの欄の右に出る×マークをクリックすると削除できます。

2 みんなで使える伝言メモ

51

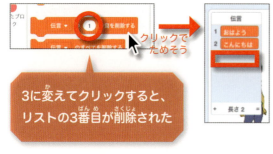

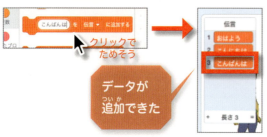

削除の操作もブロックで実行できます。「伝言の1番目を削除する」のブロックを"3"番目と変えてからクリックしてみましょう。3番目の"なにか"が削除されましたか？　同様にブロックを使って「こんばんは」とデータを追加してみましょう。

これで、リストへのデータの追加や削除の方法がわかったと思います。それでは実際に、スプライトがクリックされたらデータを追加していくプログラムを組み立てていきましょう。

まず、わたしと書いたスプライトに「なにかを伝言に追加する」のブロックを加えます。スプライトがクリックされたときにデータが追加されるように、「このスプライトがクリックされたとき」のブロックを上につなげましょう。

わたしをクリックすると「なにか」が追加されるようになりました。でも、伝言は自分で入力したいので、「調べる」カテゴリの「What's your name?と聞いて待つ」のブロックを使います。このブロックをクリックして試してみると、ステージ上にテキスト入力欄が出現します。

この欄にテキストを入れて右のチェックマークをクリックしましょう。欄が消えますが、「答え」のブロックに今入力したテキストが入っています。クリックして確認してみましょう。

これを組み合わせると、スプライトがクリックされたときに、伝言を入力すると、"伝言"リストに追加されるようになります。"What's your name？"の部分は"伝言を入力してください"と書き換えましょう。

伝言がためられるようになったね

3 リストのデータの読み出しを試す

伝言をためていくことができるようになりました。ブロックをクリックして、本当にリストに番号がふられた伝言が収まっているか確認してみましょう。

「伝言の1番目」というブロックをクリックしてみましょう。リストの1番目の伝言「おはよう」が表示されました。

このブロックを使って、伝言を読み出し表示させてみましょう。

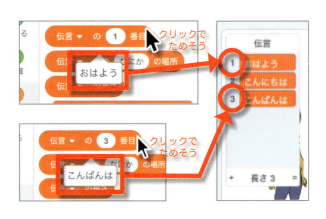

53

4 メッセージをさかのぼり再生する機能をつくる

まずは伝言を再生するためのボタンをつくります。その後、このボタンをクリックしたら、リストの中にあるすべての伝言を順番に再生できるようにしましょう。

まずは、伝言の再生ボタンをつくります。「スプライトを選ぶ」から"Button2"を選んでください。「コスチューム」タブのペイントエディターで"伝言再生"と文字を追加しましょう。

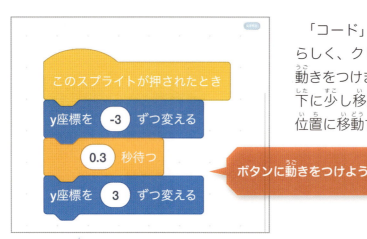

ボタンに動きをつけよう

「コード」タブへ移動します。ボタンらしく、クリックすると押されたような動きをつけましょう。クリックされたら、下に少し移動し、0.3秒待って、もとの位置に移動するようにします。

このボタンが押されたら、最初のメッセージから順番に読み出して、伝言を表示しましょう。

まず変数"何番目"をつくります（変数の基本は91ページ参考）。はじめはこれを0にして、「伝言の長さ」ブロックを使ってリスト"伝言"の数に合わせて繰り返します。変数"何番目"が、繰り返すごとに1ずつ変わるので、伝言を最初から順に読み出せるのです。

ただしこのままでは、ボタンに吹き出しが出てしまいます。ボタンが言う代わりに、わたしのスプライトが伝言を表示するようにしましょう。

「...と2秒言う」のブロックをいったん外し、「メッセージ1を送って待つ」のブロックを入れます。

「メッセージ1を受け取ったとき」のブロックを使って、わたしのスプライトに処理を引き継ぎましょう。

これでボタンを押すと、わたしのスプライトが伝言を表示するようになります。

ボタンを押すと「わたし」がしゃべった！

5 全メンバーのプログラムをつくる

伝言再生ができました。でもこれでは誰がどの伝言なのかわかりません。そこでもう1つ「リスト」をつくり、お母さんの伝言ならお母さんのスプライトに表示されるようにします。

お父さん、お母さんのスプライトにも同様のプログラムを追加してグループで使えるようにしていきましょう。

まず今のままでは、リスト"伝言"にメッセージはたまりますが、誰のメッセージかがわかりません。そこで、もう1つのリスト"だれ"をつくりましょう。

　わたしのスプライトをクリックして伝言を追加するときに、リスト"だれ"に、誰の伝言かを示すデータを追加します。"なにか"を"わたし"に書き換えて「わたしをだれに追加する」のブロックを入れましょう。試す前に両方のリストを空にしましょう。左下画像のブロックをクリックすればＯＫです。

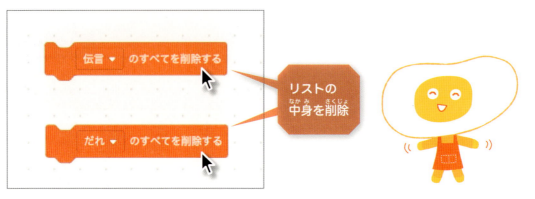

　わたしのスプライトをクリックして伝言を入力しましょう。誰が何を入力したかが番号でわかるようになりました。

　次にリスト"だれ"のデータを使ってメッセージを振り分けます。伝言と同じ番号の「だれ」を読み出して、メッセージのラベルに使います。プログラムはこのようになります。

同じ番号でつながっているんだね

2 みんなで使える伝言メモ

スプライトの方には、受け取るメッセージの変更をします。「わたし」という新しいメッセージをつくりましょう。

ここまでできたら、プログラムをお母さん・お父さんにもコピー（11ページ参考）して、メッセージや、だれに追加するラベルの名前も変更しましょう。リストのモニターを非表示にすれば完成です。

リスト名左のチェックを入れる／外すとリストを表示／非表示

遊び方

家族や仲間と一緒に使って、メッセージを残しましょう。面と向かって言いにくいことを言うのにも役に立つかも……!?

注意
プロジェクトを保存すると、リストのデータもその時点のものが残ります。リストを空にするなど公開するのに不適切な内容をアップロードしないように気をつけましょう。共有したものを誰かが使った場合そのデータは残らないので、オンラインチャットのようには使えません。

応用例

・喋るときにアニメーションにする
・ボイスメッセージにする、音声合成で喋らせる

57

レシピ 2-2 お料理レシピブック

難易度 ★★☆☆☆

材料

スプライト
- 材料
- すすむボタン
- もどるボタン
- タイマーボタン

ステージ背景
- 表紙
- 作り方1
- 作り方2
- 作り方3
- 作り方4
- 作り方5

キーワード

`背景の制御`　`メッセージ`

Scratch製スライドで、プレゼン上手になろう

　料理や工作の手順を残しておきたいときや、発表のスライド資料にも、Scratchが使えるんだ。1ページずつ表示できて、専用タイマーもついている、便利なデジタルレシピをつくってみよう。家族や友だちへ送って見せることもできるね。

写真や文字を自由にレイアウトしよう！

お料理レシピブック

学ぶポイント Scratchは写真や文字を自由にデザインしたり動かしたりできるため、プレゼンテーションソフトのようにも使えます。今回は、写真と文章を組み合わせて料理のレシピをつくります。つくり方のページを見ているときにステージを押すと「材料と分量」をすぐに表示できたり、キッチンタイマーをつけたりと、デジタルならではのくふうができます。

つくりかた

カレーライスのレシピをつくりましょう。「すすむ」ボタンを押すと、つくり方のページが順番に出てきます。「もどる」ボタンを押すと、前のページに戻ります。ステージのどこかを押すと、材料と分量のメモが現れます。画面右上にはキッチンタイマーも置きました。

1. つくり方のページをつくる
2. ページめくりのボタンをつくる
3. 材料メモをつくる
4. キッチンタイマーをつける

1 つくり方のページをつくる

カレーライスのつくり方にはどのようなステップがあるでしょうか。5ステップに分け、トップページを合わせた計6ページをステージに書き込みます。

ネコを消してから、まず、画面右下の「背景を選ぶ」→「描く」で表紙ページをつくります。日本語を入力するときは、「テキスト」をクリックしたあと「日本語」フォントを選び、文字入力したい場所をクリックして入力しましょう。

ワンポイント
ペイントエディターについては46ページを参考にしてください。

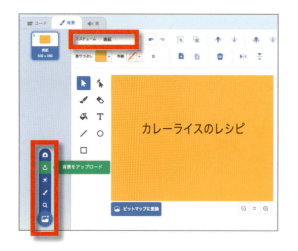

表紙ページのコスチューム名は「表紙」に変えておきます。2番目のページから、カレーのつくり方の5ステップを、1ステップ1ページずつに分けてつくります。「背景を選ぶ」→「背景をアップロード」でステップ1で使う写真を選び、「開く」をクリックしします。

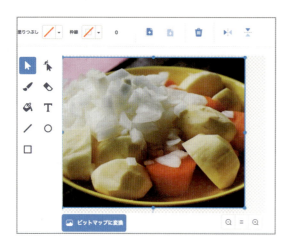

写真をクリックして選択し、周りの青い枠の4すみをマウスでドラッグして大きさを変えます。

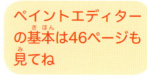

ペイントエディターの基本は46ページも見てね

「選択」をクリックして好きな位置に動かします。下に文章を置きたいので、少し上に動かしましょう。

レイアウトって楽しいね

表紙ページと同じように「テキスト」ツールを使い、ステップ1のつくり方の説明を書きます。すすむボタンやもどるボタンを置く場所はあけておきます。

説明を書こう

残りのステップ2〜5も同じように1ページずつつくります。背景の名前は後でわかりやすいものに変えておきます。

名前をつけよう

続きをどんどんつくろう！

2 ページめくりのボタンをつくる

次のページへ進むための「すすむ」ボタンと前のページへ戻るための「もどる」ボタンをつくって、ページを行ったりきたりできるようにしましょう。

新しいスプライトで「すすむボタン」をつくります。自分で描いても、スプライトライブラリの「Arrow 1」を使ってもOKです。

お料理レシピブック

61

「コード」タブへ移動し、「このスプライトが押されたとき、背景を次の背景にする」というプログラムをつくります。

次は、新しいスプライトで「もどるボタン」をつくり、「このスプライトが押されたとき、背景を前の背景にする」というプログラムをつくります。できたら、ボタンを押して、ページめくりができるかたしかめてみましょう。

３ 材料メモをつくる

レシピの材料と分量は、画面をクリックしたらいつでも見られるようにしましょう。料理の途中で分量を確かめることができます。ステージではなくスプライトなのがミソです。

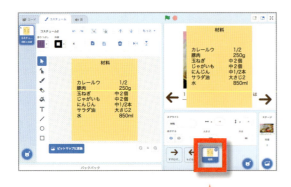

スプライトとして
つくるのがポイント

新しいスプライト「材料」を作成し、材料と分量のメモをつくります。ステージではなく、スプライトでつくることで、いつでも隠したり表示したりできるようにします。

62

「ステージ」をクリックし、「ステージ」のプログラムをこのようにつくります。ステージのどこかがクリックされたら「材料を出す」というメッセージ（37ページ参考）を送ります。緑の旗がクリックされたときは表紙ページにします。

コスチュームは複数でもプログラムは1つだね

スプライト「材料」のプログラムをつくりましょう。「ステージのどこかがクリックされたら表示する、材料がクリックされたら隠す」ようにします。緑の旗がクリックされたときも隠すようにします。どのページを見ていても、画面全体を押すと「材料」を表示し、「材料」を押すと表示が消えるようになりました。

これでいつでも材料を確認できる！

4 キッチンタイマーをつける

自分で設定した時間を計ってくれる便利なキッチンタイマーをプログラミングでつくり、レシピにつけましょう。変数のつくり方は91ページを見てください。

新しいスプライトで「タイマーボタン」をつくります。タイマーボタンをクリックすると、1分を計るようにしましょう。1分は60秒なので、変数「タイマー」をつくり、それを1秒おきに-1ずつ変え続けます。変数「タイマー」が1より小さくなったらアラームを鳴らします。

自分で描いた

でもこれでは、最初から変数で決めた時間（60秒）しか計ることができませんね。1分だけではなく、自分の好きな時間だけ計れるようにしましょう。

「○○と聞いて待つ」のブロックを使います。このブロックを使うと、画面から入力した文字や数字を使うことができます。「タイマー何分？」と聞いて、変数タイマーに「答え」を入れて使ってみましょう。

「タイマーボタン」をクリックすると、「タイマー何分？」と聞かれます。試しに「5」と入力してEnterを押すと、5秒でアラームが鳴ってしまいました。このプログラムは「秒」でカウントしているからです。

演算ブロック「<」や「*」って？

「<」は数字の大きさを比べる記号、「*」はかけ算を表す記号です。

「<」は「>」という似たものがありますが、開いている方が大きい、閉じている方が小さいという記号になります。

かけ算の記号で普段よく使うのは「×」ですが、プログラミングでは「*」を使います。他にも、割り算は「÷」ではなく「/」を使います。詳しくは76ページのコラムも見てください。

ブロック	算数で使う記号	意味
+	＋	足す
-	－	引く
*	×	掛ける
/	÷	割る

1分は60秒ですね。つまり5分は60×5＝300秒になります。かけ算のブロックを使って、入力された数値にいつも60をかけるようにしましょう。

これでもう一度「タイマーボタン」をクリックして、分のつもりで入力してもカウントされるようになったら完成です。

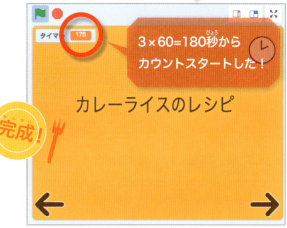

使い方

レシピが完成したら、写真に顔や家の場所がわかるものが入っていないか確認して、共有プロジェクトにしましょう。家族や友だちに送って、スマートフォンやタブレットでも見ることができます。

応用例

・手芸や工作のつくり方にする
・自由研究の宿題を写真と文字でまとめてプレゼンテーション資料にする

お料理レシピブック

レシピ 2-3 おもしろ写真加工アプリ

難易度 ★★★★★

星や雪が降ってきた！

材料

スプライト

画面フィルター　星エフェクト　雪エフェクト　OFFボタン

ステージ背景

カメラ画面

キーワード

画像効果　　ビデオモーション

カメラとつなげて、画像を楽しく加工！

スマホで撮った写真をアプリで加工したことある？　楽しいよね。そんな身近なアプリもScratchで再現できるんだ。フィルターや好きな模様を使ったり、画像効果を変える機能や「ビデオモーション」というカメラで動きを検知する機能を使って、オリジナルアプリをつくって楽しもう。

星や雪など、好きな模様を登場させよう！

2 おもしろ写真加工アプリ

学ぶポイント スマートフォンの写真アプリで、撮影した写真にフィルターをかけたり加工をしたりするものが人気ですね。中には顔認識やARなどの技術を使って、合成写真を撮影できるものもあります。Scratchではカメラに写った動きを検知する「ビデオモーション」という機能があるので、今回はこれを使ったオリジナルの写真加工アプリをつくりましょう。

つくりかた

まず、Scratchの画面と、パソコンやタブレット内蔵のカメラをつなげます。画面全体にかけるフィルターや、画面の上から星や雪が降ってきたり自分の動きによって変化したりするエフェクトをつくります。好きな加工ができたら写真や動画を撮りましょう。

① 基本画面をつくる
② 画面フィルターをつくる
③ 星エフェクトをつくる
④ 雪エフェクトをつくる

1 基本画面をつくる

まずはアプリの基本画面をつくります。画面フィルター・星エフェクト、雪エフェクトの各ボタンと、それらの効果を消すOFFボタンをつくり、ツールバーを用意します。

ネコを消したら、「拡張機能」ボタンをクリックして「ビデオモーションセンサー」を選びます。

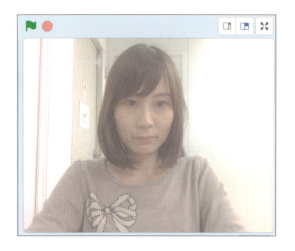

カメラが画面全体に映ることを確認します。

ワンポイント
はじめてScratchのサイトでカメラの機能を使うときは、ブラウザの警告が出ます。「許可」を押しましょう。もし間違って「ブロック」を押してしまった場合、アドレスバーの右端にあるカメラのアイコンでもう一度許可できます。設定を変えた後はページの再読み込みが必要です。

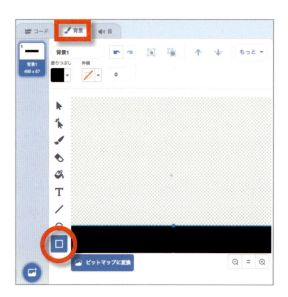

ステージの「背景」をクリックし、画面の下に黒い四角を描きます。これがツールバーになります。

スプライトじゃなくてステージだよ

新しいスプライトで「OFF」ボタンをつくっておきます。エフェクトなどすべての効果を消すボタンです。

新規スプライト

「OFFボタン」スプライトがクリックされると「OFF」というメッセージ（37ページ参考）を送るプログラムをつくります。「OFF」を受け取ったときのプログラムは後ほどつくります。

2 画面フィルターをつくる

それでは、いろいろなエフェクトをつくっていきましょう。まずは画面を昔の写真っぽくセピア色にするエフェクトです。プログラムではクローン（121ページ参考）を活用します。

「スプライトを選ぶ」→「描く」で新しいスプライトをつくります。画面をフィルターにしたい色で全面塗りつぶします。

ビットマップに変換して塗りつぶす

緑の旗がクリックされたとき（アプリをはじめるとき）は、ツールバーに入る大きさでボタンになるようなプログラムをつくります。

座標の基本は45ページ

フィルターボタンになった

画面全体を塗りつぶすときは「ビットマップモード」が便利だよ。詳しくは46ページを見てね

スプライトがクリックされたらクローンをつくり、画面いっぱいに拡大して「幽霊」の効果をつけます。幽霊の効果はそのスプライトを透明にしてくれます。

メッセージ「OFF」を受け取ると、クローンを削除して画面フィルターがなくなるようにします。画面フィルターがOFFボタンより上に出てくるとOFFボタンをクリックできなくなるため、「最背面へ移動する」ブロックも入れておきましょう。

「OFF」を送るのは69ページ上でつくったボタンだね

画面フィルターボタンを押したり、OFFボタンでもとに戻したりしてみてください。

色を変えて試してみましょう。自分の好きな色にすると楽しいですね。

3 星エフェクトをつくる

ボタンを押すと、画面の上から星が降ってくるエフェクトをつくります。

「スプライトを選ぶ」→「スプライトをアップロード」でエフェクトにしたい絵を選びます。今回はスプライトライブラリにある「Star」にしました。

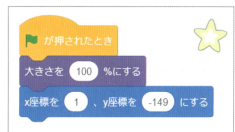

画面フィルターのときと同様に、緑の旗がクリックされたときは、ツールバーの上に入る大きさでボタンになるようなプログラムをつくります。

ツールバーに星ボタンが加わった！

71

スプライトがクリックされると0.5秒おきにクローンをつくり、クローンが上からランダムなx座標で落ちてくるプログラムをつくります。赤枠の数値を調整して好みの感じにしてもいいです。

ワンポイント
先ほども登場したクローン（121ページ）のほか、座標（45ページ）、乱数・不等号（76ページ）の概念を学習しましょう。

メッセージ「OFF」を受け取ると、クローンを削除して星がなくなるようにします。

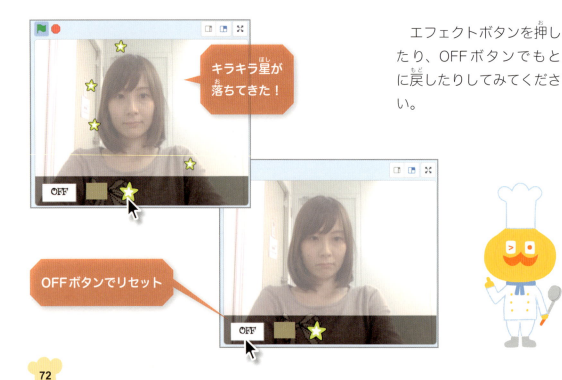

エフェクトボタンを押したり、OFFボタンでもとに戻したりしてみてください。

エフェクトが落ちてくるタイミングや速さを変えてみましょう。

星の大きさや速さを変えるとどんな感じかな？

4 手を振ると雪が消えるエフェクトをつくる

雪が上から降ってきて、ビデオカメラに写っている動きによって（例えば、手を振ると）雪が消滅するようなモーションエフェクトをつくります。プログラムは星エフェクトのものをコピーして再利用します。

星スプライトを右クリックし、「複製」をクリックしてコピーします。

星をコピーして雪の見た目にしよう

コピーしたスプライトのコスチュームをモーションエフェクト用のコスチュームに変えましょう。

スプライトライブラリの「Snow flake」

これまでのボタンと同様、ツールバーのちょうどいい位置にボタンを置きましょう。

手を振ると、降ってきた雪が消えるようにしましょう。「ビデオモーションセンサー」にある左のブロックを出します。画面で手を振りながら、試しにクリックします。出た数値が検出した動きの大きさです。今回は、この数値が20以上のとき、雪が消えるようにします。

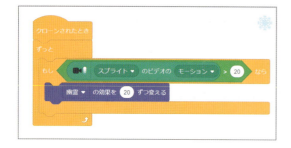

モーションエフェクトのクローンが、ビデオモーションの数字によって消えていくようなプログラムを追加します。

手を振って雪を消そう！

おもしろ写真加工アプリ

雪ボタンを押して、手を振ったり体を動かしたりして確かめてみましょう。

星や雪の大きさ・速さはお好みで！

完成！

手を振ると雪が消える！

使い方

全画面表示にして、好きなフィルターやエフェクトをかけ、スクリーンショットや右クリック＋「名前をつけて画像を保存」で画像にしましょう。スマートフォンやタブレットの外カメラを使えば、カメラアプリとして使えます。

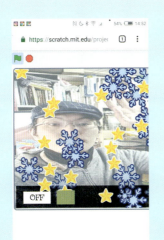

応用例

- モーションエフェクトを活用しておもしろい動画を撮影する
- 取り込んだ写真にエフェクトをかけるようなアプリをつくる

学ぼう！
演算ブロック

「演算」のブロックには見慣れない記号や表現がたくさん出てきますが、これらは「演算子」といいます。Scratch以外のプログラミング言語でも使われることの多いものです。いくつか種類に分けて解説します。

算術演算子①
（足す、引く、掛ける、割る）

これらは主に数を計算するときに使う演算子です。

ブロック	算数で使う記号	意味
`( + )`	＋	足す
`( - )`	－	引く
`( * )`	×	掛ける
`( / )`	÷	割る

乱数

サイコロやおみくじのように決められた数の中からランダムな数を出すことができます。ブロックに最初から入っている数字では、「1〜10の中からランダムな数を出す」ことになっていますが、自分で数字を変えることができます。

ブロック	意味
`1 から 10 までの乱数`	1〜10の中からランダムな数を出す

比較演算子

左右の数字の大きさを比べ、正しい (true) か正しくない (false) か教えてくれるブロックです。「>」は左が右より大きい、「<」は左が右より小さい、「=」は左と右が等しいという意味です。

ブロック	使用例	意味
`( > 50 )`	`x座標 > 240`	スプライトのx座標が240より大きい
`( < 50 )`	`大きさ < 50`	スプライトの大きさが50より小さい
`( = 50 )`	`制限時間 = 0`	変数「制限時間」が0と等しい

76

論理演算子

2つ以上の条件が組み合わさった場合、両方とも当てはまるときのみが「かつ」、どちらかで一方だけでもいいときが「または」になります。当てはまる条件でないときすべてのことを「ではない」で表すことができます。

ブロック	使用例	意味
かつ	色に触れた かつ 色に触れた	むらさき色にも黄色にも両方触れている
または	色に触れた または 色に触れた	むらさき色か黄色どちらかに触れている（両方触れていてもOK）
ではない	色に触れた ではない	むらさき色に触れていないときすべて

文字列

入力した言葉を1文字ずつに分解して取り出したりつなげたりすることができます。

ブロック	意味
りんご と バナナ	「りんご」と「バナナ」をつなげます。下のブロックをスプライトに言わせると「りんごバナナ」になります。 りんご と バナナ と言う
りんご の 1 番目の文字	「りんご」の1番目の文字「り」を取り出します。何番目の文字にするか自分で決めることができます。
りんご の長さ	「りんご」の文字の数を取り出します。「り」「ん」「ご」で「3」を取り出すことができます。
りんご に り が含まれる	「りんご」に「り」という文字が含まれるかどうかを調べることができます。

算術演算子②その他

その他、計算が必要になったときに便利なブロックがあります。

スコアボード

白熱する試合をサポート！

材料

スプライト ※オリジナル素材あり

ボタンA　ボタンB

数字A　数字B

ステージ背景

ボード

キーワード

文字列の操作

いろいろな勝負でスコアの記録に使おう

友だちと卓球などのスポーツ、ボードゲームといった勝負事をするときに、スコアボードがあるだけで戦況を見やすく表示できるし、盛り上がるよね！　Scratchの中で遊ぶゲームも楽しいけど、Scratchで現実の遊びをもっと楽しくもできるんだ。

カンタンに記録できるね！

> **学ぶポイント** 今回は、文字列の操作について学びます。文字列の操作はプログラミングの基本概念の1つです。プログラムで文字列を扱うときは文字数や何文字目かという位置を頼りに必要な文字を抽出したり、操作したりします。他にも数字を文字として扱うことで検索をスムーズに進められるなど、文字列について知っておくとよいことがあります。少し難しいですが、チャレンジしてみましょう。

スコアボード

画面上のボタンやキーボード操作で、対戦する2チームそれぞれの得点を加算できます。その数字をステージに大きく表示して、本格的なスコアボードに仕上げましょう。

① スコアが増えるしくみをつくる

② スコアをスプライトで表示する

③ スコアの変化に連動させる

④ 両チームぶんをつくる

1 スコアが増えるしくみをつくる

まずはスコアの変数をつくり、クリックしたら数字が1ずつ増える基本のしくみをつくります。

ネコを消したら、「スプライトをアップロード」から「ボタンA」「ボタンB」、「背景をアップロード」から「ボード」を読み込みましょう。

オリジナル素材を使ってね

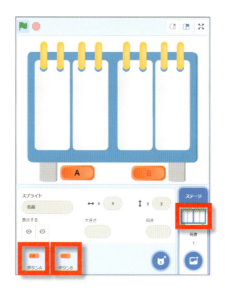

 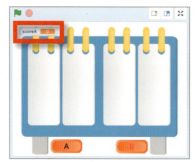

「scoreA」という変数をつくりましょう。ステージの上に変数モニターが表示されるので、scoreAに入っている数字はそこで確認できます。

スコアを増やすには、「scoreAを1ずつ変える」というブロックを使います。まずはこのブロックを押してみましょう。ステージの上のscoreAが押した数だけ増えたでしょうか。

ボタンAにプログラムを組み立ていきます。ボタンAが押されたときに「scoreAを1ずつ変える」を実行すると、押すたびにスコアが増えていきますね。

変数は変化する数を扱えるように名前をつけることなんだね。
91ページも参考にしよう

80

押されたことがわかりやすいように動きをつけてみましょう。少し下へ動き、上に上がると本物のボタンのように感じることができます。

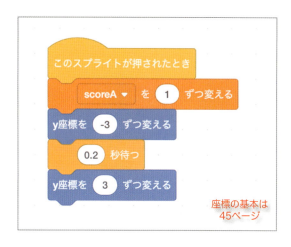

座標の基本は45ページ

パソコン向けの操作として、キーが押されたときにも「scoreAを1ずつ変える」を実行するようにしてみましょう。scoreAはパソコンのキーボードのAのキーが押されたら増えることにします。

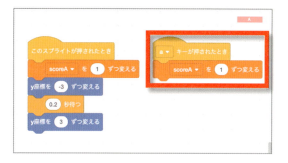

試しに操作してみると、Aのキーを押しっぱなしにした場合、どんどん数字が増えていってしまうことに気がつくかもしれません。これはパソコンのキーリピートといって、同じキーを何度も押したと認識され、文字を打つときに「aaaaaaaa」となるのと同じです。それを防止するために、キーが押されなくなるのを待つ必要があります。

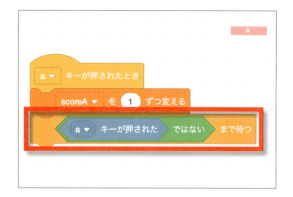

> **ワンポイント**
> 「…ではない」のブロックを使うと、調べるブロックなどで返される結果（true/false）を反転させることができます。詳しくは論理演算子のコラム（76ページ）も見てください。

変数の値はプログラムを停止しても残るので、緑の旗を押したときに「scoreAを0にする」を実行するように、このブロックも組み立てておきましょう。

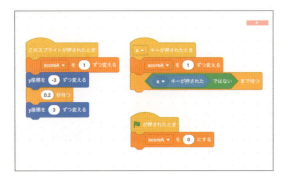

ワンポイント

1つのスプライトのコードエリアには、さまざまなイベントを起点とした複数のプログラムを自由に組み立てることができます。この時点でボタンAには左のようなプログラムが並んでいます。

2 スコアをスプライトで表示する

変数scoreAに入った数字をコスチューム番号と連動させて、数字のイラスト（スプライト）で表してみましょう。数字の長さを調べることで、どんな桁数の数字でも表すことができます。

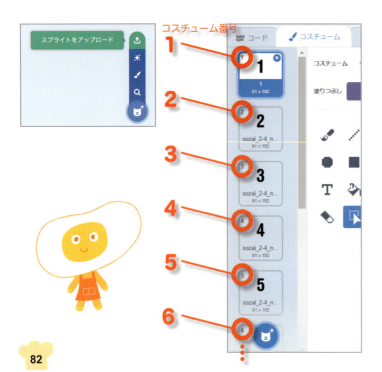

オリジナル素材の数字A.sprite3を読み込みましょう。

数字がたくさん中に入ってるね

数字Aのスプライトには1, 2, 3, 4, 5, 6, 7, 8, 9, 0の数字のイラストのコスチュームがあります。コスチュームには上から順番に1からの「コスチューム番号」が割り振られています。コスチュームは「コスチュームを…にする」のブロックで指定できますが、コスチューム名の他に数字の入った変数を組み合わせて、数字で指定することも可能です。試しにこのように組み立ててクリックで実行してみましょう。

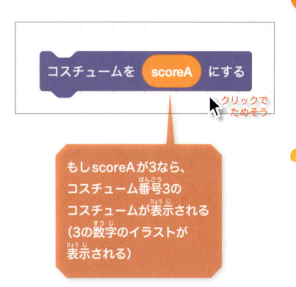

もしscoreAが3なら、コスチューム番号3のコスチュームが表示される（3の数字のイラストが表示される）

これで0〜9までの数字は表示することができました。でも、スコアが10以上になるとどうなるでしょうか。当然十の位の数は表示されません。このスプライトでは1桁しか表せないからですね。

ワンポイント
13の場合に3が表示されているのは、コスチュームを番号で指定する場合、存在するコスチュームより大きい数字の場合は、1に戻って繰り返すからです。今回はコスチューム番号が10までしかないので、11からは1に戻って3になっているのです。

コスチュームを10,11,12,13…とつくっていく方法もありますが、手間がかかります。そこで、まずは1桁目を表示し、次に2桁目を表示する、というふうに分解して表示しましょう。そのために使うブロックが「…の1番目の文字」です。scoreAを2桁の文字、たとえば、13にして、右のようにブロックを組んでクリックしてみましょう。13の1番目の文字は「1」なので、コスチューム番号の1番目のコスチュームが表示されたでしょうか。

scoreAを13にして試すと、「1」が表示された。13の1番目の文字は1だから、コスチューム番号1が表示されるというわけ

83

scoreAの1番目の文字

④のときは4
②4のときは2
①04のときは1

ただし、1番目の文字は左から数えて1番目のことなので気をつけてください。桁数とは数える方向が逆になります。
このブロックを利用して桁の位置を指定すれば、一の位、十の位、百の位と順に表示しながら左に桁を移動することでどんなスコアでも表示できそうですね。

たとえば、「13」の長さは「2」だから、「1」と「3」の2回数字を表示するってことか

scoreAの長さ、つまり桁数分だけコスチュームの表示を繰り返せば、うまく表示できますね。1桁の数字のときは1番目の文字を表示し、2桁の数字のときは2番目の文字を表示後に1番目の文字を表示するというイメージです。
つまり、1番目の数字と、2番目の数字をどんな桁のときでも指定したいのですが、そのためには、ちょっとした計算が必要になってきます。今からそれをつくりましょう。

scoreA=13のとき

「…の長さ」というブロックを利用します。これで、scoreAの桁数を確認することができます。
例えば、3なら1桁なので1、13なら2桁なので2、133なら3桁なので3……ということになります。

ここで「桁移動A」という変数をつくります。この変数は、最初は0で、scoreAの桁の調査が移動するときに1ずつ増えるように後ほどプログラムしていきます。引き算のブロックを使って右のようにしましょう。scoreAの長さからこの桁移動の変数を引くことで、(例えばscoreAが13の場合) 2番目の文字「3」を取ってくるために2－0＝2、とすることができます。次に繰り返したときは、2－1＝1で1番目の文字「1」を取ってくる、と指定することができますね。

これで、scoreAが13で桁移動A＝0のとき、このブロックの結果は3、A＝1のとき、このブロックの結果は1となります。まず3を出し、次に1を出して「13」がつくられるイメージです。

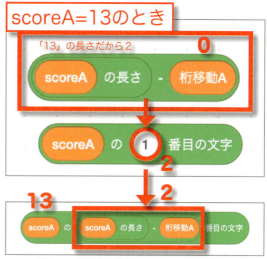

桁数に基づいて繰り返し処理をすればいいので、このように組み立てましょう。

「桁移動A」は最初0として一の位を表示したあと、桁移動Aを1ずつ繰り返していくとよさそうです。

これに、最初の桁を左に移動させるブロックと、各桁を残すための「スタンプ」のブロックを使ってこのように組み立てましょう。

> **ワンポイント**
> 「スタンプ」のブロックは、画面左下の拡張機能から「ペン」のブロックを読み込むと使えます。

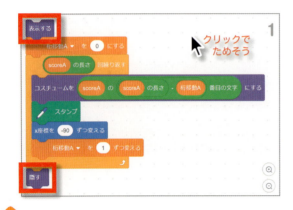

クリックして何桁か表示されたでしょうか。スプライトそのものは、数字を描く前に表示して、描き終わったら隠せばよさそうですね。

③ スコアの変化に連動させる

これで変数に入った数字をスプライトを使って表示するしくみができました。スコアが更新されるたびに表示をいったんクリアしてアップデートするしくみをつくりましょう。

スコアが更新されるのは、ボタンAのスプライトが押されて変数の値が増えたときです。

そこで数字の表示をアップデートすればいいのですが、書き換えるということは、一度表示を消して、もう一度書く必要があります。

スタンプを使って数字を表示しているので、「全部消す」のブロックを使うとステージ上に表示された文字が消えます。このプログラムはステージに追加しましょう。

86

ボタンAからステージへはメッセージ（37ページ参考）のブロックを使って伝えましょう。

「表示クリア」というメッセージを送って、消し終わるのを待ちます。

その後「数字表示」というメッセージを送って、数字のスプライトを表示するプログラムを実行します。ボタンAのプログラムにさらにメッセージを追加します。

メッセージを受け取ったとき、スコアを表示するプログラムを実行します。

> スコアが変わるたびに、数字を消したり書いたりするんだね

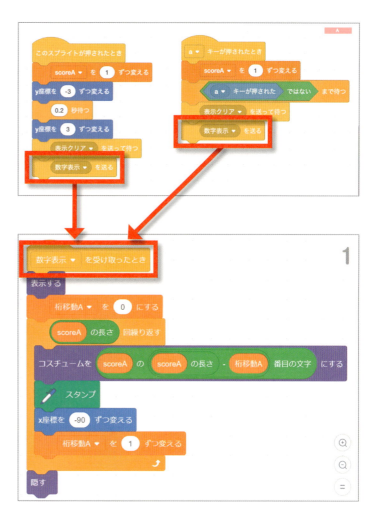

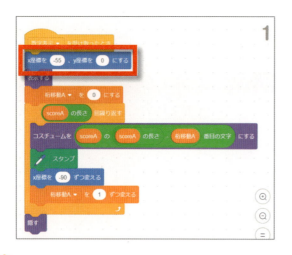

　試してみると表示する桁をずらしているため、どんどん左にずれていってしまいます。端に行ってしまい表示されない場合は、スプライトのx座標を0にして中央に移動してみましょう。
　プログラムには、このようにスコア表示の直前に最初の位置を決めるブロックを追加してAチームのスコア表示が完成です。

4 両チームぶんをつくる

数字B.sprite3を読み込み、Bチームのスコアも同様につくりましょう。変数「scoreB」「桁移動B」をつくり、Aでつくったプログラムをコピーすればスコアボードの完成です。

ワンポイント
Bのスコアの表示位置はどのように決められるでしょうか。

使い方

ボタンA、BまたはキーボードのA、Bキーを押してスコアをカウントしていきましょう。緑の旗を押せばスコアがリセットされます。

応用例

・スコアボードのデザインを変えてみる
・セット数のカウントなどスコアの履歴を残す

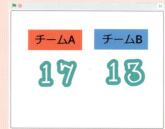

学ぼう！ コスチュームや背景の追加

スプライトとステージにはそれぞれ、「コスチューム」と「背景」という素材を複数追加できます。それらを切り替えることで、ゲームのキャラや背景の見た目を変えたり、アニメーションをつくることができます。

コスチューム（背景）の追加と選択

コスチュームと背景は、右下のスプライトリストからスプライトを選択した後、左上のコスチュームタブまたは背景タブを開くと操作できます。

このタブを開くとペイントエディターが開くので、画面の左下にある「コスチューム（背景）を選択」のボタンを押すと、青いバーにあるさまざまな方法で追加できます。

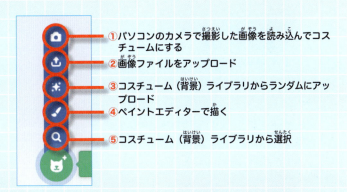

① パソコンのカメラで撮影した画像を読み込んでコスチュームにする
② 画像ファイルをアップロード
③ コスチューム（背景）ライブラリからランダムにアップロード
④ ペイントエディターで描く
⑤ コスチューム（背景）ライブラリから選択

ペイントエディターの左にコスチュームが並ぶので、クリックすると選択できます。

コスチュームどうしをコピー＆ペーストして組み合わせることもできます。コスチュームを読み込んでコピーしたいアイテムを全選択し（①）、「グループ化」ボタン（②）でひとまとまりにしておきます。「コピー」ボタンを押し（③）、コスチュームを切り替えて「貼り付け」ボタン（④）を押したら、杖を持ったネコができました。

コスチュームはペイントエディターで編集可能

コスチュームをブロックで切り替える

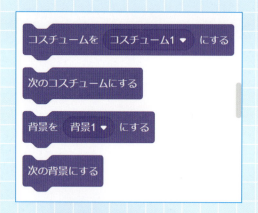

コスチュームは見た目カテゴリのブロックを使って切り替えることができます。これらのブロックでは▼をクリックしてコスチューム名で指定しますが、その欄には変数や数式を使って数字を入れられます。コスチュームの左上にある番号で指定することもできます。

現在のコスチュームの番号をブロックを使って取得することもできます。たとえば左のようにすることで「次のコスチュームにする」の逆の「1つ前のコスチュームにする」こともできるのです。

また、Scratchではスプライトそのものを移動させたり回転させてアニメーションをつくることもできますが、コスチュームの切り替えによってアニメーションをつくることもできます。ノートのすみに書くパラパラマンガのような原理です。

走ってるみたい！

変数・リスト

変数やリストはほとんどのプログラミング言語に備わる一般的な考え方です。Scratchでもかんたんに使うことができます。

変数のはたらき

変数とは、データを記憶してそれを利用できるようにするために名前をつけたものです。たとえば"たろう"という名前をつけた変数を"たろう"さんという人物に見立ててみましょう。"たろう"さんは2つめのデータを渡されると前のデータは忘れてしまいます。

ブロックなど	意味
変数を作る	変数カテゴリにあるこのボタンで変数をつくります。"たろう"さんにデータを渡してあげると、それをいつまでも覚えていてくれます。
たろう ▼ を 0 にする	"たろう"さんに"0"という数値データを渡すことができます。
☑ たろう 0	試しにクリックすると"たろう"さんが今持っているデータを答えてくれます。"たろう"さんは、数値のデータであれば数値を変化させることもできます。
たろう ▼ を 1 ずつ変える	"たろう"さんが持っている数値のデータを1ずつ増やします。つまり、1を足してくれます。

ワンポイント

変数やリストに入れられるもの
Scratchの変数には、数値や文字列など様々な形のデータを入れることができます。数値を直接入れる以外に、数式を入れるとその計算結果を変数に入れることができます。文字列を入れることもできます。

ワンポイント

変数・リストの範囲って？
プログラミングで変数やリストを扱うとき、その変数（リスト）にアクセスできる範囲を決めておくと便利なことがあります。Scratchではその範囲を「すべてのスプライト用」「このスプライトのみ」という2種類の範囲で指定できます。「このスプライトのみ」で作成した変数（リスト）は他のスプライトの変数カテゴリにブロックが表示されず使うことができません。ステージ上の変数モニターも「スプライト名：変数（リスト）名」という表示になります。また、変数には「クラウド変数（サーバーに保存）」というオプションもあり、通常はプロジェクトの実行ごとに区切られている変数をインターネットを介して共有するしくみもあります。

リストのはたらき

　リストは変数と似ていますが、複数のデータを格納することができます。変数と同じく、名前をつけてデータを渡したり呼び出したりします。"はなこ"という名前をリストにつけて、"はなこ"さんという人物に見立ててみましょう。"はなこ"さんはデータに順番をつけ、いくつでも覚えていてくれます。このほかにもデータ削除や挿入、上書きのブロックもあります。

ブロックなど	意味
リストを作る	変数カテゴリにあるこのボタンでリストをつくります。
なにか を はなこ に追加する	"なにか"というデータを"はなこ"さんに渡すことができます。渡されたデータを「1番目は"なにか"」「2番目は"こんにちは"」「3番目は…」と順番と合わせて覚えています。したがって"はなこ"さんに持っているデータを教えてもらうときは、順番を指定してたずねる必要があります。
はなこ の 1 番目	1番目のデータを答えてくれます。
はなこ に なにか が含まれる	"なにか"というデータを持っているかどうか教えてくれます。
はなこ の長さ	現在データをいくつ持っているか教えてくれます。
はなこ の中の なにか の場所	"なにか"というデータは何番目にあるか教えてくれます。

ステージでの表示のされ方

変数やリストをつくると、ステージに変数モニターやリストモニターが表示されます。

このモニターは変数の丸いブロック横のチェックボックスや、ブロックを使って、表示・非表示の選択が可能です。

3

テーブルゲームで
あそぼう

みんなきっと一度は遊んだことがあるテーブルゲーム。そのルールや法則性を思い出して整理しながら、Scratch上で再現してみよう。改めてそのゲームの奥深さに気づくかもね。この章で紹介するゲームは、タブレットで遊んでも楽しいよ。

つくるモノ

3-1 Scratch福笑い 　難易度 ★★☆☆☆ ········ 94

3-2 2人でハマる！〇×ゲーム 　難易度 ★★★★★ 102

3-3 ハラハラ危機一髪ゲーム 　難易度 ★★★★☆ 114

3-4 指のバトル！トントン相撲 　難易度 ★★★☆☆ 122

Scratch 福笑い

材料

スプライト
ひだりめ　みぎめ　くち　はな

目かくし

ステージ背景
りんかく　お手本

キーワード
順次処理　座標

Scratchキャットがへんなかおに！？

　福笑いは、お正月のおなじみの遊びです。目隠しをした人が顔の上に目や鼻のパーツを並べて、変な顔になってしまうのがおもしろいですね。パソコンやタブレットで遊べるようにプログラミングでつくってみましょう。

変顔を競うのもいいかも

> **学ぶポイント** 日本の伝統的な遊び「福笑い」をパソコンやタブレットで遊べるように再現します。遊びのルールを思い出しながら再現することで規則や順序に気づき、時間やメッセージを使ってプログラミングで制御することを学びます。他にも画面上で再現できる身近な遊びがないか、ぜひ子どもたちと一緒に考えてみてください。

つくりかた

「福笑い」の顔と目や鼻のパーツをつくってドラッグ＆ドロップで並べることができるようにします。はじめに1秒だけお手本が出るようにしたり、目隠しをつくって顔を見えなくしたり、コンピューターの画面上ならではの機能をつくってみましょう。

1. かおのパーツをつくる
2. はじめにお手本を見せる
3. パーツ置き場を決める
4. 目かくしをつくる

1 かおのパーツをつくる

「福笑い」をつくるためにはどんなスプライトがあったらいいでしょうか。目や鼻を1つずつ動かすためには、それぞれのパーツのスプライトが必要です。

最初にいるネコのスプライトのコスチュームをコピーし、「背景を選ぶ」→「描く」へペーストして、体を削除して顔を残します。できたら、かおのパーツを用意しましょう。「グループ解除」をクリック後、左目のパーツをクリックしてコピーします。

> **ワンポイント** ショートカットキーは11ページ、ペイントエディターの使い方は46ページを参考にしてください。

コピーはキーボードのCtrl＋C（MacではCommand＋C）

コピーした左目のパーツを新しいスプライトにします。「スプライトを選ぶ」→「描く」をクリックして「コスチューム」に貼り付けます。

左目と同じように、右目、鼻、口のパーツもそれぞれ新しいスプライトをつくってコピーと貼り付けをして、バラバラにします。背景にネコの顔、スプライトに「ひだりめ」「みぎめ」「はな」「くち」の4つができました（スプライト名はなんでもOK）。最初のネコは消しましょう。

背景につくった福笑いの顔を複製し、コスチューム名を「りんかく」にします。パーツを消して目と鼻と口がないかおをつくります。消したいパーツをクリックして、ゴミ箱マークを押すと、パーツだけ消すことができます。

パーツを消したら試しに遊んでみましょう。もとのかおをうまくつくってみてください。

でも、もとのかおがわからない人が遊ぶと正解がわからないですね。

お手本が必要だね

2 はじめにお手本を見せる

はじめて遊ぶ人も楽しめるように、緑の旗を押したら1秒だけお手本の絵を見せるようなプログラムをつくります。

背景につくった福笑いの顔の「りんかく」ではない方のコスチューム名を「お手本」にしましょう。

名前を「お手本」にする

「コード」タブに移動し、背景のプログラムをつくります。

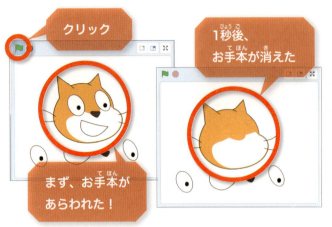

できたら、緑の旗をクリックしてみましょう。はじめだけお手本の絵が出て、1秒たつと福笑い用の絵に変わりました。でも、何度も遊ぶとパーツをもとの場所に戻すのが大変です。はじめにパーツが自動でかおの外にいくプログラムをつくりましょう。

③ パーツ置き場を決める

遊び終わったらパーツをもとの位置に戻すのは大変です。そこで、各パーツのはじめの位置を「座標」で指定し、遊び始めるときにいつでもパーツが定位置にあるようにしましょう。

はじめに置きたい位置にドラッグ＆ドロップでそれぞれのパーツを動かしておきます。まずは左目のパーツのはじめの位置を決めるプログラムをつくります。

位置は「座標」（45ページ参照）で決めるんだ

緑の旗が押されたときの、左目のx座標とy座標の数字を決めます。今の左目のパーツはx座標が−155、y座標が−119です。左のプログラムをつくりましょう。ブロックと座標の数字が同じかたしかめてください。

98

右目、鼻、口にも同じようにx座標とy座標の数字を決めるプログラムをつくります。できたら緑の旗をクリックして遊んでみましょう。遊び終わっても、緑の旗をクリックすればパーツがもとの位置に戻るようになりました。

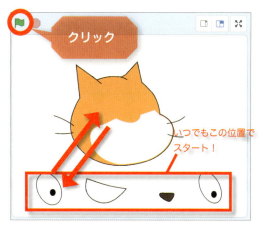

4 目かくしをつくる

本当の「福笑い」は目かくしして遊ぶとおもしろい遊びになります。目かくし機能のプログラムをつくりましょう。

「スプライトを選ぶ」→「描く」で目かくしを描きます。四角形ツールでちょうど福笑いのかおが隠れる大きさの四角を描きます。

各ツールの使い方は46ページも見てね

x座標、y座標って？

画面の中で、スプライトの位置を決める数字のことです。x座標は画面の左から右のどこにいるかを決める横方向のものさし、y座標は画面の下から上のどこにいるかを決めるたて方向のものさしです。スプライトの位置は横方向の数字とたて方向の数字で決まっています。

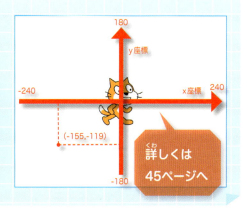

99

プログラムをこのようにつくります。はじめはお手本を見せたいので、「目かくし」を隠しておきます。「目かくし」を表示させるのは、お手本を見せ終わった後だからです。

お手本を見せ終わったことをお知らせするために「メッセージ」(37ページ)を使います。「背景」のコードへ移動し「新しいメッセージ」を選んで「お手本おわり」というメッセージをつくります。背景がお手本から福笑い用の顔に変わったあと、「お手本おわり」のメッセージを送ります。

「目かくし」のコードに戻り、「お手本おわり」のメッセージを受け取ったら「目かくし」を表示させるプログラムをつくります。ここまでできたら緑の旗をクリックして、動くかどうか確かめてみましょう。お手本が出る→1秒待つ→目かくしが出るようになりました。でもこのまま遊ぶと、目かくしの上にかおのパーツが出てきてしまいます。

100

かおのパーツが「目かくし」の後ろに移動するようにします。まずは左目のプログラムをつくります。左目のパーツが「目かくし」の色に触れたら、最背面に移動するようにします。「最背面」というのはスプライトの中で一番後ろのことです。なお、ふくわらいのかおがある「背景」は、いつでも一番後ろにあります。左目ができたら他のパーツにもこのコードをコピーします（11ページ参考）。

最後に、「目かくし」のスプライトに戻って、キーボードのスペースキーを押すと「目かくし」が非表示になるプログラムをつくります。これで完成です。

遊んでみよう

遊び方

❶ 緑の旗を押すとお手本が出る
❷ 1秒待つと目かくしが出る
❸ パーツをドラッグ＆ドロップで動かすと目かくしの後ろに移動する
❹ パーツを全部置いてスペースキーを押すと、目かくしが非表示となり顔が現れる

お正月にタブレットで開いてみんなで遊びましょう。おじいちゃん、おばあちゃんも昔の遊びを思い出して楽しんでくれるかもしれません。他にもScratchでつくることができそうな昔の遊びを聞いてみましょう。

応用例

・かおやパーツを自分でつくる
・洋服や帽子をつくって、着せ替えシミュレーションにする

好きな顔をつくろう！

2人でハマる！〇×ゲーム

難易度 ★★★★★

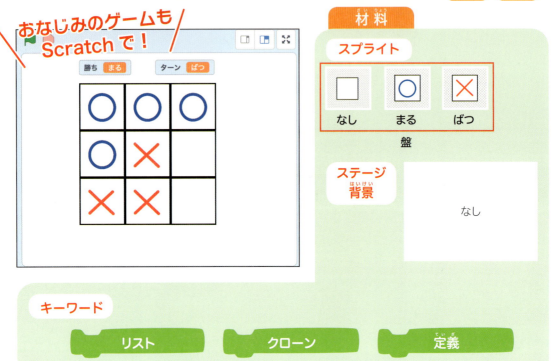

シンプルだけど飽きない、永遠の定番ゲームをつくろう！

3×3のマスに2人が交互に「〇」と「×」を書き、先に縦・横・ななめに3つ並べた方が勝ちのおなじみのゲーム「〇×ゲーム」をプログラミングでつくろう！ 少し難しそうだけど、ポイントとなる3×3のマスのしくみがわかれば、他のゲームをつくるときも応用ができるゾ。

必勝法をさがせ！

3 2人でハマる！○×ゲーム

学ぶポイント　「○×ゲーム（三目並べ）」も、おなじみの遊びですね。3×3の格子に2人で交互に「○」と「×」を書き、先に縦・横・ななめに3つ並べた方が勝ちのゲームです。今回は、3×3の各9マスが「○」か「×」か「空白」かをコンピューターが認識するために「リスト」という概念を使うのがポイントです。少し難しいですが、がんばりましょう！

つくりかた

3×3のマスに2人が交互に「○」と「×」を書いていく、「○×ゲーム（三目並べ）」をつくります。3×3の9マスがそれぞれ今「○」か「×」か「空白」なのかコンピューターに教え、プログラミングで判定するために「リスト」というブロックを使います。

① 3×3の9マスをつくる
② 「○」と「×」を交互に置く
③ 空白のマスだけに置く
④ 勝ち判定をつくる

1 3×3の9マスをつくる

○や×は空白マスにしか置けません。どのマスが空白かというのは大事な情報です。ゲーム盤は、3×3マスを描くのではなく、1マスをクローンで9つ並べてつくります。

ネコを消してから、「スプライトを選ぶ」→「描く」で3×3の9マスのうち、1つのマスの絵を描きます。空白のマスのコスチューム名は「なし」に変えておきます。

ワンポイント
キーボードの「Shift」を押しながら「四角形」ツールを使うと簡単に正方形が描けます。

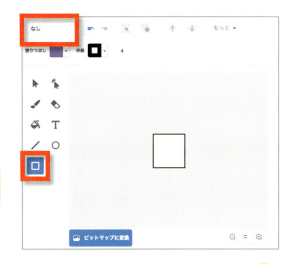

103

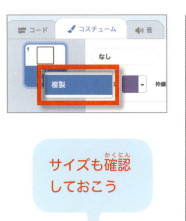 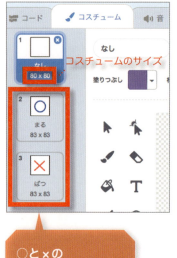

「なし」のコスチュームを右クリック→「複製」し、マスの中に○の絵が描かれた「まる」コスチュームをつくります。同じように、マスの中に×の絵が描かれた「ばつ」コスチュームもつくります。

> **注意** コスチュームのサイズ「●×●」を確認しておきましょう。ここでは「80×80」として、この後のマスを並べるときに使います。

「コード」タブをクリックし、緑の旗がクリックされたときの初期位置を座標で指定します。

 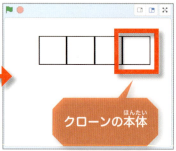

「80×80」のマスなので、x座標を80ずつずらしながら3回クローンをつくります。

> **注意** 3回繰り返すと4つマスが出てきます。一番右端のマスは自分自身（クローンの本体）です。自分自身（クローンの本体）は隠し、クローンされた分身のみ表示されるようにします。

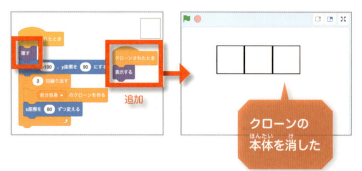 

次は縦に並べるため、x座標をもとの場所に戻し、y座標を-80ずつずらして3回繰り返します。

3回横に並べて
下に下がってまた
3回横に並べて……

3×3の9マスができました。

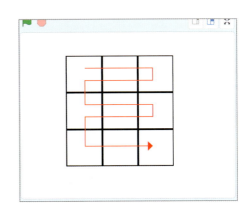

1マスのスプライト
だけでできた！

2 「○」と「×」を交互に置く

　○×ゲームはターン制です。○を置いたら×の番、×を置いたら○の番、というようにターンを交換する機能をつくります。

　「このスプライトが押されたとき、コスチュームをまるにする」というプログラムをつくり、いずれかのマスをクリックします。クリックされたマスが「○」に変わります。

クリックした
ところが○に

「まる」のターンか「ばつ」のターンか決めるために、新しい変数「ターン」をつくります。緑の旗がクリックされたときはターンが「まる」になるようにしておきます。

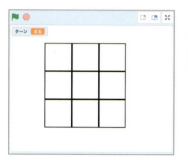
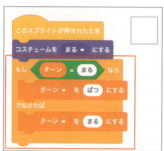

マスをクリックしたとき、コスチュームを変えた後に次のターンにします。今のターンは変数「ターン」に表示されます。今のターンが「まる」のときは変数「ターン」を「ばつ」に変え、そうでないとき（今のターンが「ばつ」のとき）は変数「ターン」を「まる」に変えます。

クリックごとにターンが変わるね

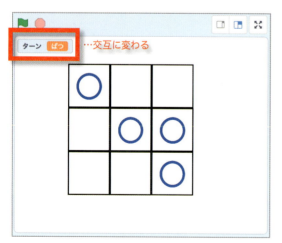

マスをクリックしてみましょう。変数「ターン」は「まる」→「ばつ」→「まる」・・・と交互に変わりますが、コスチュームは変わりません。

どうしたらコスチュームと連動するかな

そこで、変数「ターン」の値（まる／ばつ）をコスチューム名に入れて、変数「ターン」によってコスチュームが変わるようにしましょう。

> **ワンポイント**
> 変数「ターン」の値（まる／ばつ）とコスチューム名「まる」／「ばつ」が同じであることがポイント！

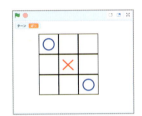

「まる」が置いてあるマスに、「ばつ」を置いてみましょう。「ばつ」が置けてしまいます。これでは自分の好きなところに置けてしまうので、ルールが成り立ちませんね。○×ゲームのルールを思い出してみると、空白のマスにしか「まる」や「ばつ」を置けないはずです。

3 空白のマスにだけ置く

今クリックしたマスが空白かどうかを調べます。調べるためには、マスが「空白」か「まる」か「ばつ」か、情報をセットしておく必要があります。

情報をセットするのに、「ターン」のときと同じように変数を使ってもいいですが、マスは9つあるので1〜9と順番をふって一覧化するために「リスト」を使います（92ページ参考）。「変数」→「リストをつくる」で「ゲーム盤」という新しいリストをつくります。

　「なにかをゲーム盤に追加する」というブロックをためしにクリックすると、1から順番に番号がふられた「なにか」が追加されます。

　ここに、3×3の9マスに1〜9までの番号をつけて、1つ1つのマス情報（空白／まる／ばつ）をセットしていきます。「ゲーム盤のすべてを削除する」ブロックをクリックしておきましょう。

　9マスに1〜9の番号をふります。9マスは同じスプライトのクローンでできています。クローンごとに番号をもつためには、特殊な変数を使います。「変数」→「変数をつくる」で「マスの番号」という変数をつくります。このとき、「このスプライトのみ」という方にチェックをつけるようにします。

ワンポイント
「このスプライトのみ」にチェックをつけて変数をつくると、この変数はクローンごとに別物として扱われるので、クローンごとに別の動きをさせることができます。

緑の旗がクリックされたときは変数を0にし、リストも削除しておきます。そしてクローンをつくる前に「マスの番号」を1ずつ変えてクローンされたマスに1〜9の番号をふっていき、リスト「ゲーム盤」には1〜9のマスの順番通りに「空白」という情報をセットしていきます。

まずは全マス「空白」にセット！

緑の旗がクリックされるとリスト「ゲーム盤」に1〜9の項目が追加され、すべて「空白」にセットされたでしょうか。

マスがクリックされたときに、リスト「ゲーム盤」に「まる」か「ばつ」の情報がセットされるようにします。プログラムをつくったら、マスをクリックしてリスト「ゲーム盤」の値を確認してみましょう。「マスの番号」が左上から右下に向かって順番に1〜9までふられていることがわかります。

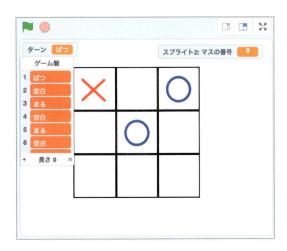

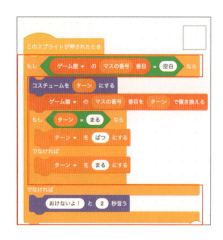

マスがクリックされたときに、リストの中のそのマスの番号の値が「空白」だったときだけ「まる／ばつ」を置き、そうでないとき（リストの値が「まる」や「ばつ」だったとき）は「置けないよ」と言うようにしましょう。

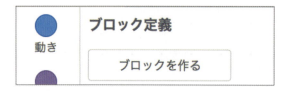

プログラムが複雑になってきました。ここまでふり返ると、マスがクリックされた後、大きく2つの機能があることがわかります。
①マスに「まる／ばつ」を置く
②次のターンを設定する
　この後もプログラムが増えていくので、後から見てこれが何のプログラムかわかるように名前をつけておきましょう。

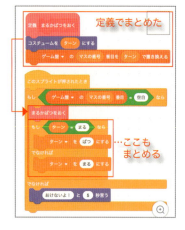
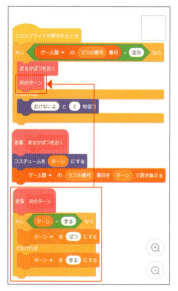

　「ブロック定義」→「ブロックをつくる」でブロック名に機能①「まるかばつをおく」と書いてOKを押します。定義ブロックの下に機能①のブロック2つをつなぎ、代わりに「まるかばつをおく」ブロックを入れます。同様に機能②「次のターン」ブロックもつくり、機能を抜き出しておきます。これで少しすっきりしました。

110

4 勝ち判定をつくる

ここまででも2人で遊ぶことができますが、最後に勝敗判定をします。「まる」「ばつ」のうち、縦・横・ななめに先にそろった方を表示し、音楽を鳴らします。

勝敗判定はどのタイミングですればいいでしょうか。マスをクリックした後のことを順番に考えます。マスに「まる／ばつ」を置いた後、次のターンへ行く前に、勝ったかどうかわかるはずですね。ここに定義ブロック「判定」をつくり、勝ち判定をつくりましょう。

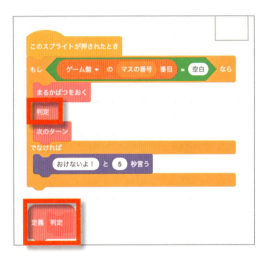

「勝ち」の条件を考えます。「まる／ばつ」が縦・横・ななめに3つそろったときですね。リスト「ゲーム盤」の状態で考えてみましょう。まず、一番上の段のマス3つがそろった場合、「マス番号」は1、2、3です。これらがすべて自分のターンの値（まる／ばつ）だったとき、勝ちになります。新しい変数「勝ち」をつくり、勝った方のターンの値（まる／ばつ）を入れておきましょう。変数「勝ち」の初期設定は「？」にしておきます。

その他、「勝ち」の条件は何通りあるでしょうか。横にそろう条件で3つ、縦にそろう条件で3つ、ななめにそろう条件で2つの合計8つあります。コピー＆ペーストしながらこれらの条件のプログラムをつくります。

最後に、すべての勝ち条件を判定した後に変数「勝ち」に「まる」か「ばつ」が入っていた場合（変数「勝ち」が初期設定「？」ではないとき）、勝利に音楽を鳴らして完成です。

遊び方

まる、ばつどちらにするか最初に決め、2人で交代しながら遊びます。タブレット上で遊ぶとリアルです。

応用例

- 「まる／ばつ」ではなく「リンゴ／バナナ」など、オリジナルのゲームにする
- 2人対戦ではなく、CPUをつくってコンピューター対戦ゲームにしてみる

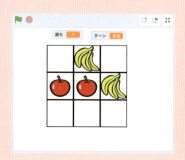

学ぼう！
関数（ブロック定義）

関数でプログラムのまとまりをつくる

〇×ゲームでは、プログラムが複雑になってきたときに「ブロック定義」を使って「〇か×をおく」「判定」「次のターン」という新しく3つのブロックをつくりました。つくらなければ、右下のようなプログラムでした。長くて、後から見たときに解読しにくいです。他の人がリミックスするときも大変ですね。

このように、プログラミングではたくさんの機能を少しずつ分けて「関数」というひとくくり（Scratchでは「ブロック定義」と呼ぶ）にすることで、後から読みやすくしたり、部品として何度も使えるようにします。例えばこの「判定」のプログラムを何度もつくるのは大変です。一度つくれば後からこの機能だけ取り出して使えます。

長くて
読みにくい！

「ブロック定義」の応用

ネコが右に行って左に行くプログラムを「うろうろする」の定義とします。緑の旗を押すと一度だけ右に行って左に行きます。
次は、定義「うろうろする」の動きを何回繰り返すか設定します。「〇回繰り返す」の数字の部分に、定義ブロックの「回数」をドラッグして入れます。
緑の旗が押されたとき、「うろうろする」のあとに好きな数字を入れます。ここは「回数」の数字になります。3を入力すると、定義「うろうろする」の動きを3回繰り返します。

ハラハラ危機一髪ゲーム

難易度 ★★★★☆

パソコン　タブレット（おすすめ）

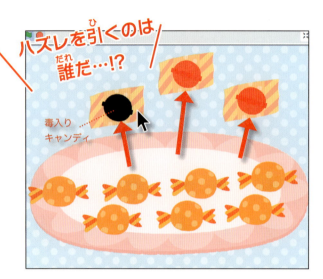

材料

スプライト ※オリジナル素材あり

| キャンディ | あたりキャンディ | はずれキャンディ | お皿 |

キャンディ

ステージ背景

水玉模様

キーワード

クローン　　乱数

ハズレのキャンディを引いた人が負け！

友だちや家族が集まったら、みんなで囲んで遊べるゲームをつくろう。アイテムの中にどれか1つハズレがあり、それを引くとゲームオーバーになるんだ。自分でプログラミングしてつくればアイテムの数やハズレの数など、ゲーム自体を自由にアレンジできるね。

ゲームの難しさを自分で決めるのって楽しいね

> **学ぶポイント** このプロジェクトでは、「クローン」と呼ばれるブロックでスプライト（今回はキャンディ）を複製する処理を体験します。クローンは単純なコピーではなく書かれたプログラムごと複製されるので、同じ働きをするものをいくつもつくれるのがおもしろい点です。

3 ハラハラ危機一髪ゲーム

つくりかた

お皿の上のキャンディを1つずつ取っていき、毒色のキャンディを引いたら負けにしましょう。キャンディはお皿の上では包み紙に包まれていて、お皿から取り出すと、紙が開いて中のキャンディが見えることにします。

 ゲームの動きをつくる

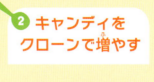 キャンディをクローンで増やす

ハズレの仕掛けをつくる

1 ゲームの動きをつくる

オリジナル素材を読み込んでから、お皿のスプライトに触れているか触れていないかでキャンディのコスチュームが変化する基本の動きをつくりましょう。

ネコを消してから、オリジナル素材の「キャンディ.sprite3」を読み込みましょう。キャンディ、あたりキャンディ、はずれキャンディの3つのコスチュームが入っています。

115

続いて、スプライトに「お皿」、背景に「水玉模様」をアップロードします。

スプライトと背景の違いは29ページも見てね

キャンディをお皿のスプライトに乗せると、包み紙が閉じて、お皿から出ると開くようにしてみましょう。このようにつくれます。

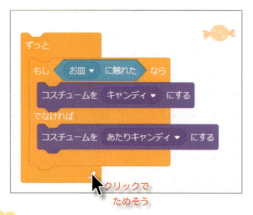

これを「ずっと」で繰り返すと、ドラッグ＆ドロップでキャンディをお皿に載せたり下ろしたりすることで、キャンディが閉じたり開いたりするようになりました。

2 キャンディをクローンで増やす

基本の動きができたら、キャンディをクローンで増やします。このときに「お皿の上にランダムに出現させる」「ハズレを決めるためにキャンディに番号をつける」というプログラムが必要になります。クローンの基礎知識については121ページも見てください。

まずはキャンディをクローンしてみましょう。右のプログラムで10個に増えます。重なってわかりにくいので、マウスでキャンディを動かしてみてください。

後ろに9個隠れている

実行すると、キャンディが10個重なってステージに現れる

次に、キャンディの表示される位置をランダムにしていきます。お皿の上の範囲を確認して、「乱数」の範囲を決めましょう。赤い丸（停止ボタン）をクリックするとクローンが消えます。キャンディが1つになったら、お皿の上を移動させて、どの範囲に出現するとよいか確認してみましょう。

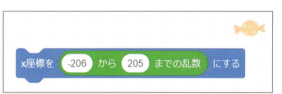

乱数はランダムな数のこと。ゲームには欠かせないんだ

左右に動かすと、お皿の幅が、x座標の範囲でわかります。ここでは−206から205の範囲ということがわかりました。自分の作品で得られた値を使ってかまいません。

ワンポイント
座標については45ページも参考にしてください。

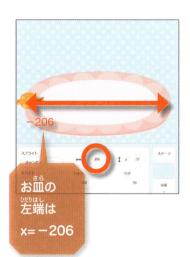

お皿の左端は x=−206

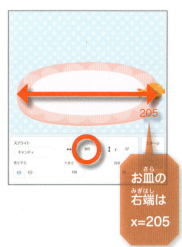

お皿の右端は x=205

同様に今度はキャンディを上下に動かすと、y座標の範囲は－140から33でした。

この範囲の中でランダムに動かしながらクローンすれば、お皿の上にバラバラに出現しそうですね。「緑の旗が押されたとき」も組み合わせるとプログラムはこのようになります。

お皿の中にバラバラに出るね

クローンはそれぞれ、お皿の上では閉じて、お皿から出ると開くようにしたいので、「クローンされたとき」のブロックで、最初につくったプログラムをつないでおきましょう。

座標のことがわかってきた！

キャンディのあたりはずれを見分けるためにキャンディに番号をふりましょう。キャンディの番号には変数を使います。

「変数」カテゴリから「変数を作る」のボタンをクリックします。表示されたウインドウに"番号"と入力して、「このスプライトのみ」にチェックを入れてからOKを押します。変数を「このスプライトのみ」にすると、クローンを番号で指定できます。

旗が押され実行されたら変数「番号」は0にして、クローンする前に1ずつ増やしていけば、それぞれのクローンは1～10までの番号をふられることになります。最初は確認のため、「と言う」ブロックで番号を表示してみましょう。

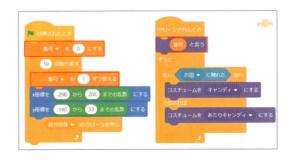

これを実行して確認してみましょう。1から10までの番号を持ったキャンディが出来上がりましたか。

1つずつ動かしてみると1つだけ番号のふられていないキャンディに気がついたかもしれません。これはクローンされるもとのスプライトです。この場合はもとのスプライトは不要なので、隠しておいて、クローンされたときに表示することにします。

3 ハズレの仕掛けをつくる

ゲームで使うアイテムは揃いましたが、最後にゲームのしくみの大事なところであるハズレをつくっていきます。キーワードは乱数と変数です。

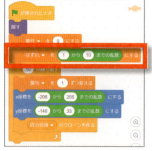

ハズレも乱数でつくるゾ

ハズレは1〜10までのどれかということになるので、変数「はずれ」をつくって、「1から10までの乱数」でハズレとなる番号を決めましょう。この変数はすべてのスプライト用にチェックでOKです。

お皿から出たときに、キャンディの番号とはずれの番号が一致すればハズレなので、はずれキャンディのコスチュームに切り替えます。

はずれキャンディがうまく動作したら、変数モニターを非表示にして「番号と言う」ブロックも外しておきましょう。

遊び方

❶ 2〜4人程度で遊ぶ。発表モードにして、緑の旗を押す
❷ キャンディを1つずつ順番にドラッグ＆ドロップで取り出す
❸ 毒キャンディが出た人が負け

タブレットで楽しむとよりボードゲームっぽさが増すでしょう。キャンディだけではなく、昔ながらの樽に短剣を刺して遊ぶゲームのようなデザインにしてもいいかもしれません。

応用例

・効果音も加えてみる
・アイテムの数を調整する場合、どこの数字を変えるといい？

学ぼう！
クローン

クローンはScratchのブロックの中でも特徴的なものの1つです。クローンとはスプライトを複製することで、クローンされたときの動作もプログラムすることができます。ブロックは制御カテゴリの中にあります。

クローンを使って、このような2段階のプログラムをつくりましょう。クリックするとスプライトが分身して、分身がどこかの場所へ行くことがわかります。

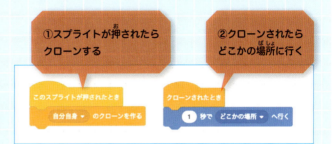

増えた分身をクリックすると、またクローンされます。分身は本体と同じプログラムをクローンしているからです。

クローンできる数には上限があるので、不要になったクローンは削除しましょう。

クローンの用途によっては、本体を表示しないほうがよいこともあります。このようなプログラムにすると、本体を非表示にして分身だけを表示することができます。

クローンされたものを個別に認識するのは難しいのですが、くふう次第で「○×ゲーム」や「ハラハラ危機一髪ゲーム」でしたように"このスプライトだけ"に設定した変数をつくり、クローンのIDのように使うこともできます。

3 ハラハラ危機一髪ゲーム

121

レシピ 3-4 指のバトル！トントン相撲

難易度 ★★★☆☆

おすすめ：パソコン／タブレット

のこったのこった！

材料

スプライト ※オリジナル素材あり
- みどり力士
- あお力士
- トントンボタン
- トントンボタン

ステージ背景
- 土俵

キーワード
- メッセージ
- 乱数
- イベント

指のバトル！ タブレットでトントン相撲ゲーム

タブレット画面の上につくられた土俵の上で、2人対戦できるトントン相撲ゲームをつくろう。指でタブレットをトントンと叩くと力士の駒がリアルに動くよ。昔の遊びの動きを考えて、プログラミングで再現するのっておもしろいね。

紙で工作するのもおもしろいけどね

> **学ぶポイント** このプロジェクトでは、懐かしい遊びをプログラミングで再現します。「力士の駒」と叩くための「ボタン」を連携させるために、メッセージというしくみの理解を深めます。プログラミングやコンピューター上で試せそうな課題は日常的な遊びの中からも見つけられることに気づくきっかけにもなります。

つくりかた

シンプルなしくみなのでルールに合わせて拡張したり、力士の個性を演出したり、自分らしい作品に仕上げることにもチャレンジしてみましょう。おじいちゃん、おばあちゃんと遊んだら懐かしがってもらえるかもしれませんね。

1. スプライトとステージの読み込み
2. 力士の基本の動きをつくる
3. 力士同士のぶつかり合いをつくる
4. 両方の力士にプログラムをつくる
5. 力士の能力に特徴をつける

1 スプライトとステージの読み込み

ゲームに必要な要素である、力士2人、ボタン2つ、土俵を用意して配置します。オリジナル素材を読み込みましょう。もちろん、自分で描いてもOKです。

ネコを消したら、「スプライトをアップロード」から「みどり力士」、「あお力士」、「トントンボタン」を読み込みます。

ボタンで力士を操作するよ

トントンボタンは2つ用意しよう

指のバトル！トントン相撲

「背景をアップロード」から「土俵」を読み込み、このように配置しましょう。

緑のまわしの力士を左、青のまわしの力士を右に置こう

2 力士の基本の動きをつくる（攻めをつくる）

実際のトントン相撲の動きを思い出してみると、どの向きにどれほど進むかはいつもバラバラですね。乱数を使って、動く幅と向きをランダムに選び、自然な動きをつくりましょう。

まずは「みどり力士」のスプライトを動かしてみましょう。前（右方向）に進むようにするには、「10歩動かす」のブロックを使うとよいですね。

実際のトントン相撲のような動きにするために、乱数を使ってランダムな動きをつくってみます。「演算」カテゴリーの「1から10までの乱数」を使いましょう。試しに何度かブロックをクリックすると、フキダシが出て1から10までの数がランダムに表示されます。これはサイコロのように、常に何が出るかわからないプログラムで、乱数と呼ばれます。

124

このブロックをこのまま「10歩動かす」のブロックに入れます。一度に動く幅がランダムになりました。

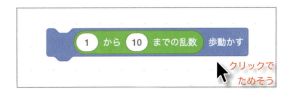

力士が動く幅だけではなく、動く方向もランダムにしましょう。「15度回す」のブロックと乱数のブロックを組み合わせます。

このとき−5から5とすることで、いろんな方向にランダムに向くようになります。

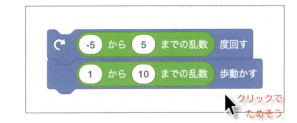

トントンボタンを叩くとみどりの力士が動くように、イベントカテゴリーから「トントン1」のメッセージをつくり、画像のようにメッセージのブロックを組みます。これで、ボタンを押すと力士が動くようになりました。

> **ワンポイント**
> メッセージについては37ページも参考にしてください。

ボタンと力士がつながった！

125

3 力士同士のぶつかり合いをつくる（受けをつくる）

力士がぶつかると、反動で、ちょっとだけ後ろに下がりますね。この動きを再現するためには、力士のスプライト同士が触れたときにスプライトを動かせばいいことになります。

今度は「あお力士」をプログラムします。ぶつかり合いの動きをつくる前に、まず力士の向きを調整する必要があります。力士同士が向き合うように、あお力士の方向を回転させましょう。スプライトの「向き」の数値をクリックすると円盤があらわれるので、左右の力士が向かい合わせになるよう調整します。

さかさまになった…

逆立ちになってしまいました。これは「動き」カテゴリーの「回転方向を左右のみにする」ブロックで直すことができます。

引き続き、あお力士をプログラムしましょう。相手に攻められて、相手に触れたら、後退するようにしてみましょう。進むときと逆で「10歩動かす」に負の数を入れます。

126

このブロックは、相手に触れたときに実行されるとよいので、「調べる」カテゴリーの「マウスのポインターに触れた」ブロックを使うとよいでしょう。

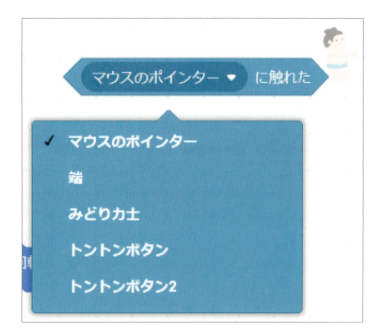

マウスのポインターはスプライト1に変えられます。動かすブロックとは形が合わずつながらないので、「もし なら」のブロックと組み合わせましょう。

相手に触れたら後ろへ下がるのは、常に繰り返し確認しなければならないので、「ずっと」のブロックで囲みます。

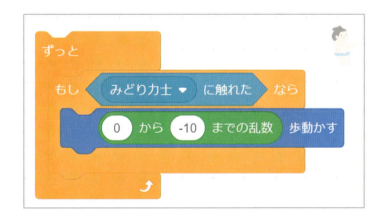

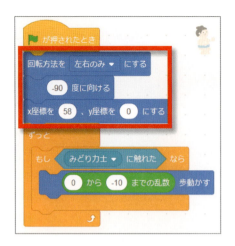

　試しに、このプログラムをクリックして実行し、もう一方の力士をボタンを押して触れさせてみましょう。押し出されるようになりました。これらのプログラムは緑の旗がクリックされたら実行されることにして、ずっとの処理が始まる前に、最初の位置や、向きを設定するようにします。

4 両方の力士に攻めと受けのプログラムをつくる

2でみどり力士に攻めのプログラム、3であお力士に受けのプログラムをつくったことになります。両力士にコピーして、微調整を加えます。

　みどり力士にあお力士のプログラムを、あお力士にみどり力士のプログラムをそれぞれコピーして、2人とも攻めと受けのプログラムがある状態にします。コピーしたら、下のようにプログラムを修正・追加します。

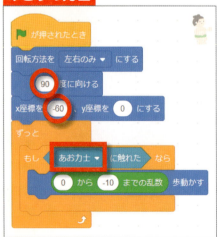

5 力士の能力に特徴をつける

このままでは乱数次第ですが、強さが互角の力士になっています。それではちょっとつまらないので、乱数の範囲を変えて力士の強さに特徴をつけましょう。

みどり力士をスピード型に、あお力士をパワー型にするのはどうでしょうか。表のように特徴をまとめてみたら、下のようにプログラムを調整します。

	みどりの力士　スピード型	青の力士　パワー型
攻撃の速さ	速い	遅い
攻撃の向き	勢いあまって、方向がブレやすい	いつもまっすぐ
攻撃されたとき	大きく下がってしまう	押されてもどっしりしている

遊び方

発表モードに切り替え、緑の旗を押します。「はっけよいのこった」のかけ声で、トントンボタンを連打しましょう。土俵の外に押し出したほうが勝ちです。
タッチスクリーンではないパソコンの場合、このプログラムをボタンに追加すれば、キーを押して遊ぶこともできます。

応用例

・それぞれの力士の特徴の要素を加えてみる
・土俵から出たことをプログラムで判定することはできる？

タブレットでやろう！

指のバトル！トントン相撲

学ぼう！
タブレット・スマホ対応

タブレットをタップでも、キーボード操作でも、同じプログラムが実行されるようにした例

Scratchはパソコン以外にも、タブレットやスマートフォンでも使えます。キーで操作する作品をつくるとタブレットやスマートフォンでは遊べなくなります。逆にタッチスクリーン操作にしてしまうとマウス操作では遊びにくいでしょう。いろいろな環境の人に作品を遊んでもらえるように操作方法を考えたいですね。

そのときに役に立つのがこのような、ブロック定義とメッセージでつくるプログラムです。

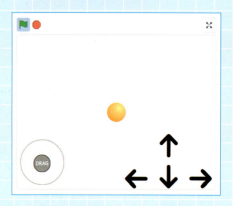

画面上にコントローラーをつくるという方法もあります。ここに紹介するのは、上下左右の矢印キーをつくったものです。

 https://scratch.mit.edu/projects/292609117/

Scratchのサイト上では多くのユーザーがタッチスクリーン端末での操作についていろいろなくふうをして、その作品を共有しています。そうしたタッチスクリーン端末向けの作品を集めているスタジオもあるのでいろいろ試してみましょう。

 https://scratch.mit.edu/studios/5868311/

⚠注意

iPadを使うとき
iPadのiOSではブラウザでのファイル操作ができないため、Scratchをスムーズに使うためにアカウントでのログインが必要です。プロジェクトを作成しファイルのメニューから"コンピューターに保存"を選択しても保存できませんが、アカウントでログインしているとつくったプロジェクトはサーバーに保存されます。
※Android端末ではファイルの保存（ダウンロード）と読み込みが可能

4

micro:bitと
つなげよう

小さなコンピューター・micro:bitとScratchをつなげれば、キミのつくったゲームがもっとおもしろくなる！ ボタンを押したり傾けたりして、Scratch上のキャラクターを操作しよう。まるで、現実世界とScratchの世界がつながったみたいな感覚だね！

つくるモノ

- 4-1 フリフリおみくじ占い　難易度 ★★★★★ ……… 136
- 4-2 ジャンプでキャッチゲーム　難易度 ★★★★★ ……… 144
- 4-3 崖っぷち！アクションゲーム　難易度 ★★★★★ ……… 150

micro:bit を Scratch につなげよう

　micro:bitは、英国放送協会（BBC）が開発した注目を集める教育用コンピューターです。Scratch3.0ではmicro:bitとの拡張機能が追加され、かんたんに連携がしやすくなりました。この章の内容に入る前に、まずはmicro:bitとScratchをつなげる方法を説明します。これを終わらせてから、レシピにチャレンジしてみましょう。

1 必要なものを用意する

　micro:bitは、スイッチエデュケーションを販売代理店に、以下URLのほか、各種オンラインショップで販売されています。価格は2160円（税込）です。便利なキットなども各社で販売されています。

　本書では、micro:bit本体、USBケーブル（準備に必須）、電池ボックス（ワイヤレスで使用時に必須）を用意しましょう。パソコンとの通信にはBluetoothで接続します。

 https://switch-education.com/

本書で使うもの

USBケーブル / micro:bit / 電池ボックス

この写真ではそれぞれ単体で用意しましたが、初めての方にはスイッチエデュケーションの「micro:bitをはじめようキット」がおすすめです。

注意 ⚠️
Scratchとmicro:bitの連携にはScratch Linkというアプリケーションが必要です。現在Windows 10.xxxx、Mac OS 10.13.xxx以降にのみ対応しています。そのため、4章の作例が遊べるタブレット端末はWindows10タブレットのみとなります。

ワンポイント
追加のアプリケーションのインストールがあります。パソコンの環境やユーザーアカウント情報なども事前確認しましょう。

ワンポイント
Scratch3.0のオフライン版でも動作しますが、接続の際にインターネットが必要になります。

❷ Scratch Linkのインストール

画面左下の「拡張機能を追加」を押して、「micro:bit」を選んでください。

このようなウィンドウが表示されます。初回のセットアップなので、左上の「ヘルプ」を押して、詳しい解説ページへ飛びましょう。

 https://scratch.mit.edu/microbit

Scratch Linkをインストールします。画面の指示に従い、OSごとのアプリストアに行くか、直接ダウンロードしましょう。後日使う場合もScratch Linkを起動する必要があるので、インストール先を確認したり、ショートカットなどを作成しておいてください。

133

3 Scratch micro:bit HEX のインストール

　micro:bitとパソコンをUSBケーブルでつなげましょう。今度は、micro:bitに書き込む.hexファイルをダウンロードします。zip形式で圧縮されているので、解凍しておきましょう。

　micro:bitをパソコンにUSBケーブルでつなぐと現れる「MICROBIT」ドライブへ、.hexファイルをドラッグ＆ドロップしたら、micro:bitへのファイルの書き込みは完了です。入れた後には.hexファイルがなくなっていて不安になりますが、それが正常な動作です。

このmicro:bitだとvizuzと流れている

　micro:bitに5文字のアルファベットが流れていれば、.hexファイルの書き込みが成功しました。

4 Scratchとmicro:bitを接続する

USBケーブルでパソコンとつないだ状態、または電池ボックスとつないだ状態で、5文字のアルファベットが流れるようになったら、micro:bit接続のウィンドウの「もう一度試す」を押しましょう。デバイス名が表示されます。
[　]内のアルファベットが手元のmicro:bitでも流れていることを確認して「接続する」を押してください。

これで、ツールバーの下にmicro:bitのブロックが追加されました。

緑のブロックがたくさん入った！

試しに、「♡を表示する」のブロックをクリックして実行してみましょう。micro:bitにハートマークが表示されたら接続成功です。

作品をいっぱいつくろう！

つながった！

レシピ 4-1 フリフリおみくじ占い

難易度 ★★★★★

箱フリフリで運勢占い♪

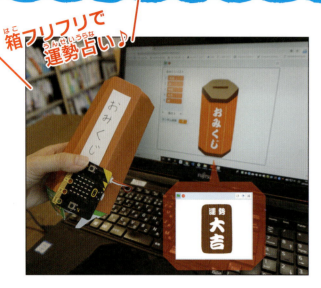

材料

スプライト ※オリジナル素材あり

くじ　大吉　吉　中吉
末吉　凶

くじ

ステージ背景

なし

キーワード

- 加速度センサー
- 乱数
- リスト

お菓子の箱を振ると、運勢が画面に出現！

　食べ終わったお菓子の箱に、micro:bitが入りそうって思ったら、発明のチャンス。身の回りにある空き箱にmicro:bitを取りつけよう。今回は、箱を手に持って振ると、パソコン画面上のおみくじの絵も揺れて運勢を表示してくれる「おみくじ」づくりにトライ！

箱探しも楽しいなー

4 フリフリおみくじ占い

学ぶポイント micro:bitを箱に取りつけてScratchと接続し、箱を揺さぶると画面の絵が揺れ、ランダムに結果を表示する「おみくじ」をつくります。micro:bitには傾きを感知する加速度センサーがついています。この加速度センサーを活用して箱の揺れを検知し、Scratchの画面を制御するプログラミングを学びます。身近な箱で工作を楽しめるのもいいですね。

つくりかた

乱数を使い、画面にランダムにおみくじの結果を表示するようなプログラムをつくります。micro:bitには傾きを感知するセンサーがあるため、空き箱に取りつけて手に持って振るとパソコンの画面の絵も揺らすことができます。

1. おみくじの画面をつくる
2. 振ると画面の絵が揺れる
3. 占い結果をランダムに出す
4. おみくじの箱をつくる

1 おみくじの画面をつくる

Scratchの画面でおみくじの箱のスプライトをつくり、おみくじの結果（大吉、吉、中吉、末吉、凶）のコスチュームを追加します。ネコを消してはじめましょう。

「スプライトを選ぶ」→「スプライトをアップロード」でオリジナル素材「くじ.sprite3」アップロードしましょう。大吉〜凶のコスチュームが入った「くじ」というスプライトができました。もちろん、「描く」で自分で描いた絵を使ってもOKです。その場合、コスチュームの名前は「くじ」にしておきます。

137

もし自分で素材をつくる場合は、コスチュームをクリックし、「コスチュームを選ぶ」→「コスチュームをアップロード」で「大吉」にしたい絵を選び、コスチュームを追加します。コスチュームの名前は「大吉」にしておきます。

追加できたら
コード画面に戻ろう

同じように、結果の数だけコスチュームを追加します。コスチュームの名前も絵に合わせて「吉、中吉、末吉、凶」に変えておきます。追加が終わったら、コスチュームは「くじ」を選択し、コード画面に戻っておきましょう。

2 振ると画面の絵が揺れる

micro:bitを接続します。micro:bitを手に持って振ったとき、画面上のおみくじの箱も揺さぶられるようなプログラムをつくりましょう。

micro:bitの「動いたとき」というブロックに「振られたとき」という選択肢があるので、このブロックを使いましょう。

動きを検知
できるんだね

「振られたとき、y座標を20ずつ変えて0.1秒待ち、y座標を−20ずつ変えて0.1秒待つ」というプログラムをつくり、micro:bitを手に持って振ってみましょう。パソコンの画面上でおみくじの箱が上下に揺さぶられます。

Scratchと現実がつながった！

おみくじの箱の上下の動きを10回繰り返すようなプログラムをつくります。micro:bitを手に持って振るとおみくじの箱が上下に10回揺さぶられます。

3 占い結果をランダムに出す

おみくじの箱が10回揺れた後、画面に結果を表示します。結果は「大吉」「吉」「中吉」「末吉」「凶」のうち、ランダムに1つだけ出るようにします。

「音」タブをクリックし、音を選ぶと、好きな効果音を選ぶことができます。好きな音を選んだら「○○の音を鳴らす」のブロックで選択しましょう。

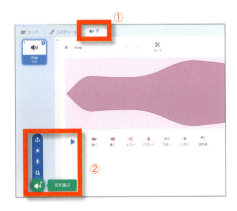

おみくじが10回揺さぶられた後、選んだ音を鳴らしてコスチュームを「大吉」にするプログラムをつくってみましょう。

3秒後

このままでは振った後、大吉の絵からもとの箱の絵に戻らなくなってしまいます。3秒後にコスチュームをくじにするプログラムをつくります。micro:bitを手に持って振ると、必ず大吉が出て、3秒後にもとの箱の絵に戻ります。

いよいよ、おみくじの結果をランダムに決めます。乱数を使い、1〜5までの数字をランダムに出して、大吉〜凶までの5つの絵のどれかを出します。大吉〜凶までの5つの結果に1〜5の番号をつける必要があるため、リストを使います。「変数」→「リストを作る」をクリックし「おみくじリスト」と入力してOKを押します。

乱数については76ページ、リストについては92ページも見てね

140

おみくじリストの左下の「+」をクリックし、「大吉」「吉」「中吉」「末吉」「凶」の項目を入れます。

ワンポイント
リストに入力する名前はおみくじ結果のコスチューム名とそれぞれ同じ名前にしておきます。

「変数」→「変数を作る」で「ランダム結果」という名前の変数をつくります。乱数の結果の数字を変数「ランダム結果」に入れます。

おみくじリストの中で、「ランダム結果」の番号に当てはまるおみくじ結果を調べ、おみくじ結果のコスチュームを変えるプログラムをつくります。例えば、変数「ランダム結果」が「2」のとき、おみくじリストで2番は「吉」なので「吉」という名前のコスチュームを表示してくれます。

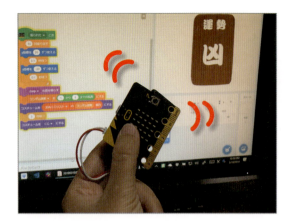

micro:bitを振って、ランダムに結果が出るか確かめましょう。

ワンポイント
画面上に不要な変数やリストのチェックは外してきれいにしておきます。

外しておく

スッキリ

4 おみくじの箱をつくる

micro:bitを手に持って振るだけだと寂しいので、現実世界でおみくじの箱をつくり、それにmicro:bitを取りつけましょう。

おみくじの箱をつくります。おみくじっぽく見えるよう、ここでは六角形のチョコレートのお菓子の箱に色紙を貼ってつくりましたが、好きなものを使ってください。

142

フリフリおみくじ占い

完成！ micro:bitをテープ等で固定します。見えないように中に入れてもいいですね。おみくじの箱ごと振って、画面が変わったら完成です。

使い方

おみくじの箱を振って運勢を占います。お友だちや家族と順番に振ってみましょう。大吉や凶の出現率を変えることもできます。

応用例

・サイコロ形の箱を振ると1〜6ではなく1〜10までの数字をランダムに出してくれるアプリ
・現実のお菓子の袋を振ると画面上でキャンディがランダムな場所から落ちてくるゲーム

ジャンプでキャッチゲーム

難易度 ★★★★★

ジャンピングキャッチ

micro:bitを持って
ジャンプ！

ジャンプ！

材料

スプライト

Monkey　Apple

ステージ背景

Blue Sky

キーワード

加速度センサー　ゲームコントローラー

ランダムに現れるりんごを、ジャンピングキャッチ！

　木になっているりんごが次々と現れる！ 手もとのmicro:bitを傾けてさるのキャラクターを動かし、りんごをキャッチしよう。現実世界でキミがジャンプすると、画面内のさるもジャンプしてりんごを取るよ。

micro:bitで
さるを
うごかそう！

4 ジャンプでキャッチゲーム

学ぶポイント micro:bit を Scratch のゲームコントローラーのように使うのは、楽しい使い方の1つです。今回は、さるを動かして遊ぶかんたんなゲームを紹介。キャラを移動させて遊ぶ他のゲームをつくるときも応用できます。ジャンプでさるが動くように、micro:bitは操作する人の動きに反応してくれるので、体を動かすゲームをつくるのもおもしろいですね。

つくりかた

必要なスプライトを読み込んだら、まずはさるがりんごの近くへ行けるよう、左右に動くようにプログラムしましょう。次に、りんごがランダムに現れる動き、最後にジャンプしたときにさるもジャンプしてりんごを取る動きをつくって完成です。

1. スプライトを読み込む
2. さるを左右に動かす
3. りんごをランダムに表示する
4. ジャンプしてりんごを取る

1 スプライトを読み込む

最初に素材となるスプライトと背景を用意しましょう。今回はスプライトライブラリにあるものを使いますが、自分でさるやりんごを描いてもオリジナリティがでるでしょう。

ネコを消したら、さるとりんごのスプライトと、背景を読み込みましょう。今回は、ライブラリから「Monkey」「Apple」を選びました。背景は「Blue Sky」を選び、木を描き足してみました。

ワンポイント
スプライトや背景の読み込み方は29ページを、木を描くなどペイントエディターの基本操作は46ページを参考にしてください。

145

2 さるを左右に動かす

普通のScratchのゲームなら、さるのスプライトをキーボードの矢印キーで左右に動かすところですが、ここではmicro:bitの左右の傾きで動かしてみましょう。

さるのスプライトをプログラムしていきましょう。micro:bitカテゴリー内にある「前方向の傾き」のブロックで、現在のmicro:bitがどれだけ傾いているかを調べることができます。方向を「前」から「右」に変えておきましょう。

micro:bitを右に傾けて「micro:bit右方向の傾き」ブロックをクリックしてみましょう。
90度近く傾けるとおよそ100程度の値が表示されるでしょう。

今度は、反対にmicro:bitを左に傾けて「micro:bit右方向の傾き」ブロックをクリックしてみましょう。90度近くでおよそ－100程度の値が表示されます。
左右それぞれ90度ずつの範囲で、－100から100までの値を得ることができそうです。

146

ステージの横幅は−240から240で480ですから（座標については45ページ参照）、このブロックの値を2倍にすればほぼステージの横幅全体をさるが動くことができそうですね。プログラムをこのようにつくります。

さるのスプライトをドラッグ＆ドロップして地面の高さに移動させておきましょう。旗を押して、micro:bitを左右に傾けて試してみると、さるが左右に動きました。

ゲームコントローラーができた！

さるが左右に動いた！

3 りんごをランダムに表示する

りんごの動きをプログラムします。木の葉のあたりにランダムに現れたり消えたりさせるにはどうしたらいいでしょうか。

木の葉の部分の範囲を調べてみると、x座標は−220から220、y座標は33から151となります。

この範囲の中でランダムにりんごを出現させたいので、このようにブロックを組み立てましょう。乱数については76ページも参考にしてください。

4 ジャンプしてりんごを取る

さるのスプライトに戻り、自分がジャンプしたらさるもジャンプする動きをプログラムしましょう。最後に、変数をつくって取ったりんごの数を数えられるようにしたら完成です。

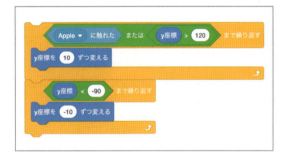

ワンポイント
「…または…」のブロックを使うと、どちらかの条件が成立すればOKになります。この場合りんごに触れるか、画面の上まで届く（y座標が120より大きい）ことが条件なのでそれらの条件を「または」でつなぎます。論理演算の論理和という処理になります。76ページも参考にしてください。

さるのジャンプは、縦方向に上がって下がるイメージです。縦に動かすには、y座標を変化させればよいですね。まずさるを上に上げるために、「y座標を10ずつ変える」のブロックを使いましょう。

りんごにさるが触れる、または画面の上の方までさるが上がったら、今度は逆にさるが地面の位置（y＝－90）まで下へ落ちていく（－10ずつ変える）プログラムをつくりましょう。

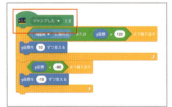

micro:bitを持ってジャンプすると、さるも飛び上がるようにしたいので、micro:bitカテゴリーの「動いたとき」を「ジャンプしたとき」に切り替えて先ほどつくったブロックの一番上につなげましょう。

実際にジャンプしてみましょう。さるのスプライトもあわせてジャンプしたでしょうか。

148

最後にりんごのスプライトに戻り、りんごを取った数を変数に入れて数えられるようにしましょう。まずは変数「リンゴの数」をつくります。りんごのスプライトがさるのスプライトに触れたとき、変数を1ずつ増やしていけばよいでしょう。このようなプログラムになります。

変数の基本は91ページだよ

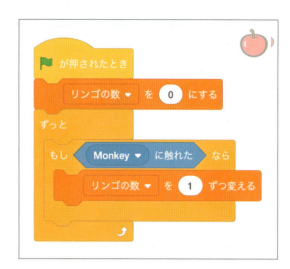

　このままだと、一度さるがりんごに当たっただけで何点も入ってしまいます。そこで、「触れたではないまで待つ」という処理を追加しましょう。これで完成です。

完成！

ジャンプでキャッチゲーム 4

遊び方

ジャンプ！

制限時間内にとれるりんごの数を競争したり、難易度を変化させて遊んでみるのもおもしろいかもしれません。

❶緑の旗をクリックすると、りんごがランダムにあらわれる
❷micro:bitを左右に傾けながらさるを操作する
❸りんごの下まで近づいたら、micro:bitを持ってジャンプ！　りんごをキャッチする

応用例

・りんごの出るタイミングをずらす
・さるのジャンプをより自然な動きにする

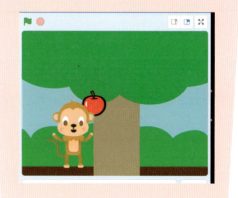

149

崖っぷち！アクションゲーム

難易度 ★★★★★

材料

スプライト
道 / Beetle / Bat / Star

ステージ背景
断崖

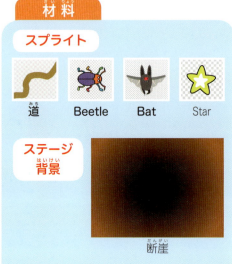

キーワード
ゲームコントローラー

micro:bitでアクションゲームを操作しよう！

　主人公は、断崖絶壁の道を進んでいる虫。micro:bitの傾きで方向転換し、ボタンを交互に押して崖の底に落ちないように前に進もう。時々横切るコウモリに邪魔されないで、無事にゴールできるかな!?

がんばって
ゴールをめざそう！

> **学ぶポイント** 4-2と同様、micro:bitをScratchゲームのコントローラーとして使用します。先ほどは傾きで操作しましたが、今回はボタンで操作します。micro:bitのボタンが押されたときの処理や、ゲームのルールの組み立てを通じて、複数の条件を組み合わせる複雑な条件処理、論理演算について理解を深めることができます。

4 崖っぷち！アクションゲーム

つくりかた

スプライトと背景を読み込んだら、まず主人公の虫の動きからつくります。micro:bitのボタンを押すことで前進するプログラム、micro:bitの傾きで進む方向を決めるプログラム、道を外れたら落ちるプログラムがつくりおわったら、邪魔者のコウモリの動きと、スタート・ゴールを決めて完成です。

1. スプライトを読み込む
2. 虫が前に進むようにする
3. 道を外れたら落ちるようにする
4. 傾きで向きを決める
5. 邪魔者を出現させる
6. スタートとゴールをつくる

1 スプライトを読み込む

最初に素材となるスプライトと背景を用意しましょう。今回はスプライトライブラリの素材を使い、背景は好きな色としました。もちろん、自分で素材をつくってもOKです。

右下の「スプライトを選ぶ」から、「Beetle」「Bat」「Star」のスプライトを読み込みます。道は自分で描きましょう。

背景は好きな色にしたよ

ワンポイント
スプライトや背景の読み込み方は29ページを、スプライトの描き方は46ページを参考にしてください。

2 虫が前に進むようにする

普通のゲームなら、キーボードなどで操作して虫を動かすところですが、今回はmicro:bitのA/Bボタンを交互に押して虫が前に進むようにしてみましょう。

スプライトを前進させるには「10歩動かす」のブロックを使いましょう。ずっと繰り返すことで、動き続けます。

micro:bitのAボタンが押されるまで待つようにすると、Aボタンが押されたら動くようになります。

ボタンを交互に連打！

ただし、これではAボタンを押し続けると動き続けてしまいます。何度も押す操作をするためには、押されなくなるのも待つ必要がありますね。

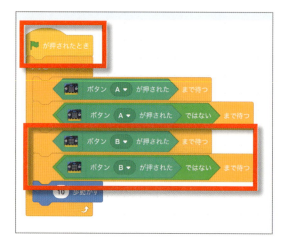

Aボタンを押した後、Bボタンを押して動くようにするには、このようにブロックを追加します。

これでA/ボタンをB交互に押して前に進むようになったでしょうか。最後に「緑の旗が押されたとき」のイベントブロックもつないでおきましょう。

152

3 道を外れたら落ちるようにする

1で、道のスプライトを用意しましたね。虫がこの道から外れると、回りながら崖の底に落ちて消えてしまうよう表現するプログラムをつくりましょう。

虫が落ちていくときの様子をプログラムしましょう。
①くるくる回りながらだんだん小さくなっていく
②画面中央に向かって落ちていく

と表すにはどうしたらいいでしょうか。
それぞれ別のブロックで表現してみましょう。①は「15度回す」と「大きさを10ずつ変える」を繰り返せばOKです。落下に時間をかけたいので、繰り返しの回数を大きく、変化の量を少なくしています。好みに合わせて調整してください。

本当に崖から落ちたみたいだ！

さらに「色の効果を10ずつ変える」を「幽霊」に切り替えて組み合わせると、落ちたときにだんだん透明になっていきます。崖の奥深くまで落ちて、かすんで見えないような表現になりました。

もとの大きさや見た目に戻すにはこのブロックが必要です。後ほど組むので出しておきましょう。

②の画面の中央に向かって移動するのは、「1秒でx座標を0に、y座標を0にする」のブロックだけでつくることができます。画面の中央は、x=0、y=0なので、その座標を指定します。ここでは5秒にしましたが、①の動きに合わせて調整してください。

便利なブロックだね

それぞれクリックすれば実行できますが、旗が押されたらもとのサイズに戻すなど初期化して、道に触れなくなるまで待つプログラムをつくってみましょう。
道に触れなくなったら、「落下」のメッセージを送ります。道のスプライトとの重なりも調整するために、「最前面に移動する」「最背面に移動する」のブロックも組み合わせました。

落ちる様子を表したプログラムは、「落下」のメッセージを受け取って実行すればよいでしょう。

①と②の表現ができたね！

4 傾きで向きを決める

引き続き虫のプログラムをつくります。虫が道に沿って動けるように、micro:bitの傾きを使って回転するようにしてみましょう。

micro:bitの傾きは「右方向の傾き」で取得します。146ページで調べたように、－100から100までの範囲の数字なので、2倍して左右に180度ずつ一周360度をカバーします。

かけ算のブロック（76ページも参考）

このプログラムを、道に触れなくなるまで繰り返すことにしましょう。これで、虫が道に沿って動けるようになりました。

5 邪魔者を出現させる

次は、邪魔者のコウモリのスプライトをプログラミングします。ランダムに出現して飛び回り、触れてしまうと、虫がコントロール不能になるようにします。

ランダムに出現させるには、「どこかの場所へ行く」がかんたんで便利です。クリックして試してみましょう。

どこかの方向へ向かうには、「1秒でどこかの場所へ行く」ブロックが使えます。

ランダムに出現

クリックでためそう

クリックでためそう

1秒かけてランダムな場所へ移動してくれるよ

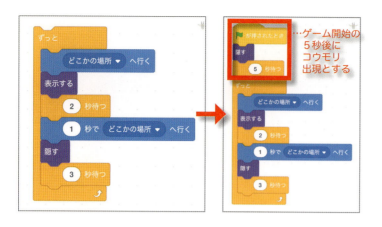

これを交互に実行します。ランダムな場所に行き、「表示する」で出現して、しばらくしたら、どこかへ移動する。「隠す」で非表示にしてしばらくたつとまた繰り返す、という流れにしてみます。

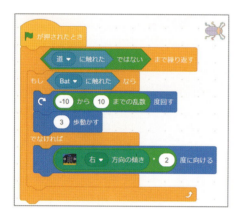

虫のプログラムを変更して、虫がコウモリに触れているときは操縦不能にしてみましょう。

6 スタートとゴールをつくる

最後に、ゲームスタート時の虫のスタートの位置と、ゴールの設定をしたら完成です。

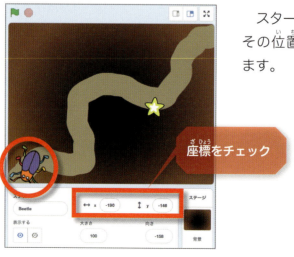

スタートは左下の道の上にしましょう。その位置に虫を移動して座標を確認します。

4 崖っぷち！アクションゲーム

ワンポイント
動きカテゴリー内の「x座標を()、y座標を()にする」ブロックは、ステージの上でスプライトを動かすとそのときの値に変化するのでそのまま使うと便利です。

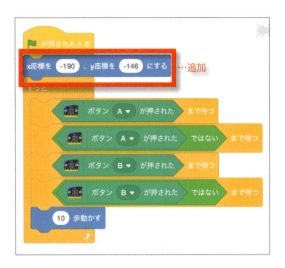

…追加

最後に、スプライト「Star」のプログラムをつくります。ゴールの星を道の右上の方に置いて、星に触れたらゴールと言うことにしましょう。

完成！

遊び方

❶ 旗を押したらゲームスタート
❷ 虫は、micro:bitの傾きで進む方向を決め、A/Bボタン連打で進む
❸ ゴールを目指す。コウモリに当たるとしばらくコントロール不能になる

応用例

・道の形を変えてみる
・道の形が異なる複数のステージがつながったゲームをつくる

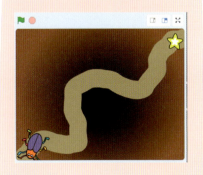

大人にプレイしてもらうために敵の動きを変えて難易度を高くしたり、キャラクターや背景を変えてゲームのテーマを自分好みにしたりしてみましょう。

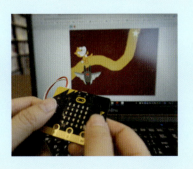

157

おわりに

　Scratchの新しいレシピは見つかりましたか。日常的に料理をする子どもたちは少ないかもしれませんが、レストランで料理のメニューを選ぶようにさまざまなプログラミングの表現や使いかたに気づいてもらえたらうれしいです。

　さらに、料理は掛けあわせることで新しいものをつくり出すことができます。カレーにトンカツをのせたらカツカレーですし、カレー味をつけてインド風の煮魚なんてものもつくれるかもしれません（こうした発想はみんな大好きだと思います。僕も大好きです）。

　この本にまとめたレシピがヒントになって、みなさんの独自の味にアレンジされた作品に出会えることを楽しみにしています。

倉本 大資

　「プログラミング」は誰のためのものだと思いますか。

　エンジニアになりたい人、ゲームをつくりたい人、コンピューターが好きな人でしょうか。

　私が子どもの頃にプログラミングを始めたきっかけは、「友達との交換日記Webサイトをつくって、かわいくしたいから」でした。手紙にペンやシールでデコレーションするのと同じように、パソコン画面上のWebページもかわいくしたかった、そのとき「プログラミング」は私のためにありました。エンジニアにもゲームにも興味はなかったけれど。

　スマートフォンやタブレットが普及して、コンピューターはより身近なものになりました。その身近なもので何かつくりたい、ちょっとだけ改造してみたいなと思ったら「プログラミング」はあなたのためのものになります。

和田 沙央里

　すてきなメッセージをくださった阿部先生と村井先生。
　子どもたち、Scratcherのみんな、OtOMOメンバー、TENTO教室の講師たち、
　LITALICOワンダーのみなさん。
　そしてScratch Teamのみなさん。
　ありがとうございました。

著者プロフィール

倉本 大資　［Scratchアカウント：qramo］

1980年生まれ。2004年筑波大学芸術専門学群総合造形コース卒業。2008年よりScratchを使った子ども向けプログラミングワークショップを実施。卒業後は創作活動などを続けながら、社会人向けeラーニングコンテンツ制作会社に勤務し、2018年退職。現在は自身の運営するプログラミングサークル「OtOMO」の活動、プログラミング教室TENTOへの参画など子ども向けプログラミングの分野を中心に活動中。著書に「小学生からはじめるわくわくプログラミング2」（日経BP）

和田 沙央里　［Scratchアカウント：saorinrinrin］

大学で発達心理学・教育心理学を専攻し、卒業後は都内の大手IT企業で金融系基幹システムの開発を経験した。2014年から株式会社LITALICOで、5歳〜高校生の子どもたちが通うIT×ものづくり教室「LITALICOワンダー」の立ち上げとサービス開発に従事する。小学生の頃に自宅のパソコンでWebサイトのつくりかたを独学で学び、コンピューターで何かをつくって世界へ発信することのおもしろさを体験した。

スイッチエデュケーション

スイッチエデュケーションはすべての子どもに「作ることを通した教育、学び」を実践することを目的に活動している会社です。動くものをつくるために必要な基板や部品、カリキュラムをつくっています。micro:bitの日本での販売代理店として、micro:bitでラジコンカーがつくれるキットやmicro:bitを時計のようにかっこよく身に着けられるモジュールなど、micro:bitにつないでものをつくるための部品をつくっています。本書第4章ではmicro:bitとScratchをつなげた楽しいゲームが紹介されていました。さらに進んだ、かっこいいものをつくりたいと思ったら、ぜひスイッチエデュケーションのサイトをのぞいてみてください。

 https://switch-education.com/

※ScratchはMITメディアラボ ライフロングキンダーガーテングループのプロジェクトです。
　https://scratch.mit.edu で公開されていて誰でも自由に使えます。

使って遊べる！
Scratch おもしろプログラミングレシピ

2019年5月17日　初版第1刷発行

著者　　　　倉本 大資（くらもと だいすけ）
　　　　　　和田 沙央里（わだ さおり）
発行人　　　佐々木 幹夫
発行所　　　株式会社 翔泳社（https://www.shoeisha.co.jp/）
印刷・製本　株式会社シナノ

カバー・誌面デザイン／イラスト　　加藤 陽子
DTP　　　　戸塚 みゆき（ISSHIKI）
編集　　　　榎 かおり

©2019 Daisuke Kuramoto, Saori Wada

※本書は著作権法上の保護を受けています。本書の一部または全部について（ソフトウェアおよびプログラムを含む）、
　株式会社翔泳社から文書による許諾を得ずに、いかなる方法においても無断で複写、複製することは禁じられています。
※本書へのお問い合わせについては、下記の内容をお読みください。
※落丁・乱丁はお取り替えいたします。03-5362-3705までご連絡ください

ISBN978-4-7981-5985-0　Printed in Japan

―――――――――――――――――――――――――――――――――

●本書内容に関するお問い合わせについて
本書に関するご質問、正誤表については、下記のWebサイトをご参照ください。
電話でのご質問は、お受けしておりません。

正誤表　　　https://www.shoeisha.co.jp/book/errata/
刊行物Q&A　　https://www.shoeisha.co.jp/book/qa/

インターネットをご利用でない場合は、FAXまたは郵便にて、
下記 "翔泳社 愛読者サービスセンター" までお問い合わせください。

送付先住所
〒160-0006　東京都新宿区舟町5　（株）翔泳社 愛読者サービスセンター
FAX：03-5362-3818

●ご質問に際してのご注意
※本書に記載されたURL等は予告なく変更される場合があります。
※本書の出版にあたっては正確な記述につとめましたが、著者や出版社などのいずれも、本書の内容に対
　してなんらかの保証をするものではなく、内容やサンプルに基づくいかなる運用結果に関してもいっさ
　いの責任を負いません。
※本書に掲載されているサンプルプログラム、および実行結果を記した画面イメージなどは、特定の設定
　に基づいた環境にて再現される一例です。
※本書に記載されている会社名、製品名はそれぞれ各社の商標および登録商標です。
※本書の内容は、2019年4月執筆時点のものです。